园林工程施工与管理

左金富　主编

吉林科学技术出版社

图书在版编目（CIP）数据

园林工程施工与管理 / 左金富主编. -- 长春 : 吉林科学技术出版社, 2020.10

ISBN 978-7-5578-7766-8

Ⅰ. ①园… Ⅱ. ①左… Ⅲ. ①园林一工程施工一施工管理 Ⅳ. ① TU986.3

中国版本图书馆 CIP 数据核字 (2020) 第 199780 号

园林工程施工与管理

主　　编　左金富
出 版 人　宛　霞
责任编辑　李思言
封面设计　李　宝
制　　版　宝莲洪图
幅面尺寸　185mm×260mm
开　　本　16
字　　数　220 千字
印　　张　10.25
版　　次　2020 年 10 月第 1 版
印　　次　2020 年 10 月第 1 次印刷

出　　版　吉林科学技术出版社
发　　行　吉林科学技术出版社
地　　址　长春净月高新区福祉大路 5788 号出版大厦 A 座
邮　　编　130118
发行部电话 / 传真　0431—81629529　81629530　81629531
81629532　81629533　81629534
储运部电话　0431—86059116
编辑部电话　0431—81629520
印　　刷　北京宝莲鸿图科技有限公司

书　　号　ISBN 978-7-5578-7766-8
定　　价　75.00 元

前言

随着城市化进程的不断加快，人们更加需要在都市的快节奏生活中找到亲近大自然的机会，城市的园林景观恰好满足人们的心理需求。作为一项综合性工程，园林工程在施工中涉及土方、水景、假山、园路、给排水、种植等内容，随着现代都市对景观的要求不断提高，园林工程正在朝着复杂化、多样化的方向发展，工程规模也逐渐增大，因此，在园林工程施工管理中需要更加科学的规划和管理。本书对园林项目工程的队伍管理进行了概述，并分析如何进行施工管理和后期养护管理，希望具有借鉴意义。

园林工程作为工程项目的重要内容，对城市化建设起到重要作用。近年来，随着“绿水青山就是金山银山”理念的提出，人们环保意识也在增强，这便促使城市化建设进入生态环境建设阶段。当人们漫步在街头巷尾，随处可见道旁碧绿、挺拔的杨树、槐树和各色的花草，这都是城市园林部门装点的结果，因此工程质量对园林的整体影响巨大，不仅影响到美观，更关系到植被的成活率。

对于完整的施工环节来说，后期的监护管理也显得十分重要，如果后期监管不力，植被没有受到良好的养护，景观效果以及植被的成活率就无法得到保障。因此，植被必须起到美化的作用，这是园林工程建设的核心内容，需要定期在干燥天气下对苗木浇水，定期进行除草和植被的修剪，在确保成活率的基础上，发挥绿化作用，同时还要做好植被的病虫害防护工作，让植被健康生长。此外，新种植的杨树、槐树和花卉需要设立警示牌，避免人为破坏。

综上所述，当前随着城市化进程的不断加快，对园林工程施工也提出了新的要求，因此在管理中必须重视起管理质量，充分践行习近平主席提出的“绿水青山就是金山银山”的理念。

目录

第一章 园林工程施工的基本理论

第一节 园林工程施工的若干问题

随着人们对环境保护的意识加强，对城市绿化建设工程越来越看重，园林工程得到了很大的发展，但在施工过程中也面临着许多问题。本节针对园林工程施工的难点与问题，探讨出相关的解决措施。

在园林工程建设过程中，工程施工是最为重要的阶段，整个工程的质量都会直接受制于这一阶段的施工质量。此外，园林工程施工技术也同样会对整个园林建设的成本起到直接影响。因此，在选择和应用施工技术时，必须严格遵守相关的规范要求，尽最大努力促使施工技术达到最高的水平，建设好园林工程。

一、园林工程施工建设的主要作用

园林工程建设能够发挥出美化环境的功能，它使人们的生活变得更加丰富多彩。园林环境质量的好坏会对人们的健康和心情产生直接的影响，舒适的环境能够使人身心愉悦，与之相对，不好的环境则会给人们的身心带来不好的影响。比如，人们在看到美丽的风景时会有赏心悦目的感觉，但看到枯萎的植物就会产生一种疲乏无力之感。在建设城市的过程中，要意识到园林工程对于城市生态而言是最为积极、有效和经济的建设，它能够有效地改变人们的生活状态，是使社会生态环境得以改善的一剂良药，对其进行科学的建设以及合理的投入，有利于实现城市的发展，最终促使城市实现可持续发展。

二、园林工程施工难点

（一）复杂的地形会导致施工难度增大

在园林工程施工过程中，可能会面临地形和地段不同的施工现场，在遇到复杂地形的情况下，其施工难度就会相应增大。所以，施工单位在进行施工之前，一定要将可能会用到的精度准确的测量仪器准备齐全，更为重要的一点是，相关的施工人员一定要具备专业且熟练的施工技术。

（二）园林植物成活率不高

在进行园林工程施工时，确保移植植物的成活率至关重要。因为园林工程施工的成本直接受植物成活率的影响，但是在整个园林工程施工过程中，很多因素都可能会对植物成活率产生影响，任何环节出现问题都有可能导致植物在移植后难以存活。

（三）环境保护工作

园林工程的施工地点一般都在城市中，而城市又是人口高度集中的地方，因此在整个施工过程中尤其需要重视环保问题。环保内容主要包括生态平衡、粉尘、施工垃圾、噪音等。

（四）施工地区周围的土壤污染

在园林工程施工过程中，没有恰当地清理垃圾或施工行为不当，都可能对施工现场周围的土壤造成污染，以致可能使种植植物的成活率大大降低。所以，一定要杜绝施工垃圾遗留在施工现场或者是周围地区，只有这样才能够保证土壤不受到污染。

（五）外来植物对工程成本产生影响

在一些园林工程的绿化施工方案中有移植一些外来的植物，但是有一些外来植物往往会受气候、温度、土壤等因素的影响而难以成活，这将增加工程的施工成本。所以，应尽可能采用本地区绿化价值和欣赏价值高的植物来做绿化。

（六）移植时间不合时宜

园林工程施工人员因为缺乏经验或者不具备相应的知识等，在进行园林工程施工的过程中因为忽视了植物的最佳移植时间，而导致移植后的植物出现不同程度的死亡现象。

三、园林工程施工存在的主要问题

（一）相关施工人员的素质偏低

为了应对大量园林工程建设的需要，就必须增加更多的施工技术人员，这很容易降低人员的准入要求，导致园林施工人员的技术水平参差不齐，综合素质低。从施工技术人员的整体素质来进行分析，首先，施工技术人员总体施工技术较低，有相当一部分的施工人员来自农民工队伍，这一部分人在开展园林工程施工之前没有接受相关的技能培训。其次，施工人员综合素质良莠不齐。有些施工人员虽然拥有较高的文凭，但其施工技术及水平并不高，甚至还存在着一部分不能看懂设计图纸的施工人员。

（二）不重视对土壤的处理工作

要想在完成园林施工之后将绿化效果良好地反映出来，就需要对土壤进行处理，但目前不管是设计阶段还是施工阶段，都不重视对土壤的处理工作。第一，园林设计者没有全面了解整个地质以及土壤的结构。类似于这种缺乏全面了解的设计往往会导致所种植的植物难以适应该园林工程的土壤和地质结构，最终会导致后期植物出现病害、枯萎等现象。第二,园林工程施工人员没有对土壤处理工作形成重视。之所以会忽视植物土壤处理工作,主要是因为园林施工人员不具备全面的植物学及土壤学的知识和养护知识,这种情况,往往忽视了不同植物对其所需的土壤有不同的要求,而且施工单位为了追求较高的利润,在植物种植前没有进行换土或所换的土壤达不到植物生长所需的要求,并且在种植后的养护过程中没有对土壤再进行处理,很容易导致不少植物在后期出现病害、枯萎等问题。

(三)园林工程施工招投标形式不具备规范性

当前,在园林工程建设中使用比较普遍的一种市场交易形式就是工程施工招投标。但是,目前的市场机制仍存在着一些瑕疵,大多数工程招投标都是采用低价中标的方式,因此,在工程竞标时,园林施工企业为了能够中标,通常都会以较低的报价进行竞标。以这种方式中标的施工企业为了实现较高的利润,在园林工程的施工过程中,会尽可能压缩一切成本支出,如降低施工质量、施工成本、施工技术标准以及抢施工进度等。这种缺乏规范性的市场交易往往会导致工程施工出现很大的质量问题,难以满足园林工程预期的效果,最终会对园林工程的景观效果和实用价值产生严重的影响。

(四)后期养护管理工作不足

刚刚种植的植物一般能对环境起到非常好的美化效果,然而后期的养护管理者多数来自于农民工队伍,他们缺乏植物养护的知识和经验,导致植物在后期的养护管理过程中经常出现病虫害、枯萎和死亡等现象。

四、改善园林工程施工的相关措施

(一)提高施工人员的知识和技能

园林施工人员的施工水平和技术对园林工程施工质量有着很大的影响,因此,要解决当前园林施工人员专业素质不足的问题,首先就需要为园林施工人员提供相关的培训。除了要保证施工人员熟知园林施工内容及其知识要点等理论知识和相关的技术知识,还应在进行培训的过程中促使理论和实践之间相互结合,在实践过程中促使施工人员的施工技能得到提升。其次,对施工人员的施工技术进行定期检验,换言之就是要定期举行技能测评,从而促使相关的园林施工人员能够有效并且自觉地提高自身的施工技能。有效结合这两种方式并加以应用,从而提高施工人员的综合素质。

(二)重视对土壤的处理工作

从设计阶段、施工阶段到养护阶段都要重视对土壤的处理工作。第一,在进行园林设计的初始阶段,应该先深入了解要种植植物的土壤情况,并遵循成本优化原则以及美化园林风景的目的来挑选适合在该土壤中生存的植物,或对达不到种植要求的土壤要求进行换土处理，这样才能确保植物的健康成长。第二，要提高园林施工人员及后期管理人员的植物学、土壤学以及养护知识，促使其可以全方位了解各种植物的生长习性，根据其所需土壤的要求对土壤进行处理，并且在后期的养护过程中能够根据植物的生长习性展开养护工作，最终为植物创造出一种良好的生存环境，促使其健康成长。

（三）优化园林工程施工招投标形式

为了避免施工单位在进行园林工程施工招投标时，出现低价的不正当竞争，必须对园林工程施工招投标低价中标的形式进行优化，招投标不能采用低价中标法，应该采用综合评标法。综合评标法：就是把涉及的投标人各种资格、资质、技术、商务、诚信分数以及服务等条款，都折算成一定的分数值，总分为 100 分。评标时，各个评委独立对投标人的每一项指标进行符合性审查、核对并给出分数值，最后汇总比较，取分数值最高的为第一中标人。采取这种综合评标法，能够选中综合实力较强、投标报价较合理的投票人为中标单位，有效防止低价的不正当竞争。

（四）落实绿化养护管理工作

由于园林工程中的植物是有生命的，因此，在植物种植后，需要进行日常的养护管理工作，只有依靠专业养护人员对植物的精心培育，才能巩固园林绿化的景观效果，达到工程建设的目的。绿化日常养护管理要保持可持续性，做好每项养护管理工作，避免出现重建设轻养护的现象。施工单位可以建立一支专业的养护管理队伍，制定责任到个人的制度，制定完整的奖罚体系，督促养护工作的落实。同时要为养护管理工作提供充足的资金，避免因缺乏资金而造成不良后果。此外，还要对养护人员定期开展专业知识和技术培训，强化其养护意识，提高其养护技能。

随着国家对生态环境越来越重视，人们对绿化环境的要求越来越高，园林工程作为城市绿化中的重要组成部分，园林工程施工的重要性也日益凸显。因此，必须针对施工过程中存在的问题，寻求相关的解决对策，只有这样，才能够建设出更好的园林工程。

第二节　园林工程施工与绿化养护

在经济不断发展的情况下，人们的生活水平不断提高，生态环境问题逐渐走进人们的视野，得到了广泛的关注，这就使得园林工程不断深入发展，相关的施工技术也相应地越来越发达。论文总结了当前我国园林工程中出现的各种问题，同时针对这些问题给出了合理化建议。

在人们生活水平越来越高的时候，生活品质是人们越来越重视的方面，为了与国家低碳环保的发展理念相接轨，在园林施工的过程中绿色养护与园林施工技术密不可分。园林施工领域，所涉及的范围特别广泛，就我国目前在这方面的情况来看，还处于刚刚起步的阶段，这便使得在园林工程的施工中存在很多问题，导致其质量不高。

一、园林工程施工过程中绿化养护存在的问题

（一）园林施工的绿化养护缺少预见性

在很多园林工程施工中，施工单位在建设阶段与后期的养护阶段出现了严重的脱节现象，很多时候都是注重工程本身的设计环节以及建设的整个过程，但是在后期的养护工作中却出现了很多严重的问题，缺少一种对之后很长一段时间的预见性，在全局上对绿化养护工作缺少一种预见性。在后期的养护阶段，很多地方的财务预算都很少，这就导致了在绿化维护的过程中很多现有的植被会死亡而无法及时地补充进来，实效性是园林绿化养护中最缺少的部分，这与最初所定制的园林工程的长远利益有着很大的区别。

在园林工程中经常出现的问题，往往是在工程设计的过程中设计方案不合理造成的，在我国现今阶段，园林工程缺少相应的规范化与标准化，这就导致了在实际工程中往往会出现与设计中很多地方不相符的现象，在现有的园林绿化方案中不能够将实际的状况进行充分地考虑，有的工程中还会出现实际方案过于笼统的现象，还有的工程中园林绿化施工实际方案缺乏可行性。

（二）施工过程缺乏规范性

在园林工程的施工氧化的整体过程中，在施工活动中施工单位在规范性管理上不够重视，员工方面，专业素质水平良莠不齐，这就使得在园林绿化养护的工作中经常出现一些问题，不能正常进行，对植物生长的客观实际情况缺少一种全面的认识，有的甚至不能够满足植物的正常生长所需要的基础要求。这种状况下，在植物幼苗的栽种生长过程中死亡率偏高，这对园林工作的整体部署都有着很严重的影响，有关园林工程的绿化养护工作很难有效地实施。由于园林工程施工人员技术上的欠缺，在园林树木移植的过程中很容易出现死亡的现象，在园林施工阶段与养护阶段的衔接工作将无法正常进行，这就使得在园林的施工过程中，绿化养护工作没有办法正常有序地按照事先的计划进行。

在有些园林施工中，施工队只是按照规定和要求进行工程施工，对于实际情况的分析很少，经常脱离实际，在使用机器的同时没有很好地选用科学的方法，导致了原有的环境植被被大量的破坏。有的在施工过程中，对园林的整体布局缺少整体规划，不能很好地实现近景与远景的融合，在绿化过程中，经常出现一些不能够从植物特性出发的现象，在养护操作上很难合理进行，施工方法上很难对园林中植物生长的需求进行满足，这种状况对园林植物的生长质量有着很大的影响。

（三）工程结束后养护工作开展不到位

现阶段，有关园林工程工作的开展不是很理想，主要是因为在整个工程中不仅需要对施工设计进行相应的完善，同时还需要对后期的养护工作进行加强。在有些园林工作者中，技术缺失是一种常见的问题，这就使得在园林工程方面的养护工作缺少一些相关

的经验，也就会造成重视力度的降低，不能保证施工的保质保量完成，因此很难达到预期的要求。

三、园林工程施工与绿化养护有机结合的具体策略

（一）科学选择树苗

在园林工程的施工过程中，应该抓住绿化养护工作，在进行有机结合的工作中将当地的地理气候考虑进来，以满足这些要求为前提，将适应该地区种植的树木选出来进行大面积的种植。

（二）加强工程施工期间的养护

在植物养护过程中，有很多地方都需要工作人员进行注意，要保证有足够的水源进行灌溉，囤积够用的肥料，同时对土壤的肥沃程度要进行相关的考虑，栽植的生长周期方面要有一定的认识，对于在不同的生长阶段的实际状况要有足够的重视，在进行施肥工作之前，将杂草除去，对土壤的干燥程度有一定的了解，在植物生长的区域内，确保其能够有效地进行排水工作，减少积洼的出现，这样能够有效地对植物的根部起到一定的保护作用，避免由于水分过多而导致根部出现腐烂的现象。园林工程与其他工程相比，施工工期比较长，所以在此期间将绿化养护工作做好是必需的，这关系到园林工程的一种持久性质量，在之后时间内的绿化养护在某种意义上来讲就是园林工程活动的一种延续。最首要的任务是要将植株都能够栽植成活，这对于园林景观的整体协调性以及整个工程的施工质量都有一定的帮助和提高。

在灌木类养护的过程中需要有以下几方面的注意事项，在养护的过程中一定要具备一套完整的养护体系，这套体系很重要，能够帮助植物在终止之前的整个过程中按照正常的生长顺序进行，在植物被种植之前要进行相应的土壤改良工作，将湿度和温度进行有效的调节。在植物移植前创建一个良好的适合植物生长的环境，对病虫的防治工作也一定要做到位，在恰当的时节进行植物的栽种。在进行栽种的同时，田间的管理工作也一定要加以重视，需要确定灌木的具体栽植时间，需要对植株的高矮进行准确地把握。在进行栽种时，要按照要求进行，不能太深也不能太浅，做到合适、准确、到位，在栽植之后做到立即浇水，在浇水时要达到浇透的效果，在这时，对于根部有严格要求，不能积聚太多的水分，但是为了避免水分失衡的现象，需要放置适量的水分。

在大树移植过程中，有几点需要注意：在进行移植工作之前，需要对实际环境有一个清晰的把控，将土球半径测算出来，在土球的四周一定要留有切口，在挖穴的过程中需要对土体进行分离，将表土和底土进行分开处理。为了保证土体的完整性，需要在进行起底工作时将颈形土柱与底土完整的连接在一起。为了能够有效地将土球的根须部位保护住，要对土球的外延部位进行梳理，在操作过程中需要用纱布将土体全部包裹住，对于

比较粗的根，需要将其进行截断处理。

（三）有效延续绿化养护工作

园林的养护通常要经历一个漫长的过程，在这个过程中，最主要的工作就是长时间对园林的植物进行日常的照料，进行绿色养护服务，在园林中有很多植物都是从别的地方移植过来的，不是土生土长的，在移植的过程中出现损伤是在所难免的，这就需要园林绿化工作者在进行工作时要十分细心，使得所移植的植物能够更好地在新环境中成长，将植物的成活率提升上来，将绿化养护工作顺利地进行下去。

在树木移植完成之后，需要将灌溉工作进行到位，科学的灌溉手段是在这个过程中必须要经历的，同时在第一次进行浇水的时候应该浇透，但是要求水压应该适中，不能过大也不能过小，较小的冲力是最根本的要求，在浇水工作完成之后还要进行相应的检查，将天气状况作为灌溉的依据，适当地进行浇水工作，在养护的同时与地域气候环境相结合是十分必要的，在对植物的具体情况进行检查之后，要将后续的病虫害工作处理到位。

在施工过程中将管理工作做好是最根本的问题，这样很多其他的施工中常见的问题都能够得到有效解决，也能使施工管理的有效性迅速提升上来，在施工中明确园林工程施工规范，加强对施工程序方法的监管。

在园林施工设计中，为了能够达到一定的客观需求，相应的各项技术不断被提高，但是养护工作是其中最根本的一项内容，不能够被轻易忽视，绿化养护和施工技术有机地结合在一起是现阶段园林工程中的重要技术要求，植被栽植技术需要提高的同时，后期养护工作也要跟着进行提高，在这些要求都能够满足之后，园林绿化养护工作才能够顺利地完成。

第三节　园林工程施工与质量控制

新形势下，园林绿化已然成为一座城市发展现状重要标志，为了丰富城市形象，各大城市都纷纷投入到园林工程建设工作中来，既能美化城市环境，也利于城市环境的不断优化，对城市现代化的发展具有关键性的意义。当前，园林工程项目的规模在不断扩大，对园林技术的要求更高，这使得整个工程的施工工作变得异常复杂，会大大影响园林工程施工质量，成为当前亟待解决的关键性问题。文章就园林工程施工与质量控制策略展开分析和探讨，希望可以提高园林工程施工质量。

在我国现代城市建设中，园林工程是一项比较重要的工程，它构成了城市生态绿化的重要组成部分，因为它既美化了城市景观，又降低了城市的热岛效应，同时提升了人们的生活质量。园林工程是一项具有专业性并且比较复杂的工程，在实际的施工过程中，容易出现各种问题，这些问题的产生严重影响了植被的成活率和整个园林的绿化效果，所以，人们在施工过程中，一定要对施工标准要求严格，重视关键技术和各个细小的环节，提升工程质量。

一、园林工程施工要点与技术特征

（一）土地的平整及清理

在平地上平整地面的时候要将高差的数值控制在规定范围之内，而且要注意地面杂物的清理。种植场或草坪的坡度可设定在 2%～3% 之间，这样有利于排水。绿化用地除了需要清理杂草、垃圾还要保证植物根部的营养吸收。具体的做法是：首先，确保根部在土壤里的自由伸展，一般情况下，草坪、土壤最低的伸展厚度为 15cm，小灌木 30cm，大灌木 45cm，乔木 60-90cm。其次，土坡的软硬要适中，土壤太硬不利于根部的伸展，而且土壤的透气性、透水性也会很差，这样会造成土壤的结块。再次，要保证土地的排水性，填方时要保证土壤结构的完好，必要时可以设置排水系统。

（二）种植放线定点

种植放线要依据：由整体到局部；先乔木后灌木再到地被最后草地。为了实现园林的观赏价值，施工过程中一定要依照设计图进行施工，为了保证放线的准确性，可在种植的具体位置上做标记，并标注好需要种植苗木的种类、数量等信息。具体要求：首先，针对规则式种植要按照设计图上的要求进行标识；其次，自然式种植就比较自由，但也要遵循设计图的设计理念；最后，如果定点放线受现场的限制，可以针对实际情况与质监单位进行研究讨论，在不影响美观的条件下可以稍作改动。

（三）园林工程苗木栽植与养护

应注意所种苗木适宜的生长环境与气候要求，选择适合植物生长的环境和气候所适的时间进行栽培。这样可以增加植物的存活率，做到因地制宜。种植树木的要求也要符合国家或规范的要求，对树木进行栽培之后要将其土壤进行回填处理。种植土与腐殖土以 7：3 的比例进行控制使用。同时在对植物进行浇灌的时候，尽量避免水流过大，不然会造成植物根系的裸露，这样就会使植物泡在水里。

二、园林工程施工质量控制与管理策略

（一）完善施工管理制度

园林工程中施工管理工作的顺利开展，需要有完善的施工管理制度作支撑。因此，施工单位应在总结以往施工经验的基础上，结合园林工程具体实际，认真分析施工管理制度存在的不足，及时加以完善。同时，制定针对性施工管理制度，加强对关键施工环节施工人员行为的约束，使其提高认识，严格按照施工要求履行相关施工职责。例如，制定相关的奖罚制度，明确奖罚制度的标准，鞭策施工人员自觉约束施工不良行为，按部就班

地开展施工工作。

（二）加强施工材料管理

有许多施工单位为了提高收益而采用一些不达标的材料作为施工底料，这在一定程度上给工程埋下了巨大的隐患。所以就需要有关单位严格监管，审查所用材料，还要严格把控录用人员的条件，提高材料质量。在园林施工质量控制方面，要严格相关质量检验标准，有效控制施工材料、设备以及施工工序的质量，达到实现质量管理的目的。控制好施工材料以及半成品的质量是基础，采购的施工材料要符合相关规范及标准，对施工材料的检查和验收应该在进场之前完成。同时，搬运相关施工材料时应轻拿轻放并做好保护措施，铺垫软草、柔软的布料等，避免在搬运中损坏。另外，部分性能比较特殊的施工材料还应派专人看管，并采取相关保护措施，為园林工程的顺利施工做好铺垫。另外，具备良好的施工设备，对园林工程施工质量起到一定的保障。施工设备要保持良好的性能，在使用之前一定要做好检查工作，存在问题的设备坚决不能投入使用，而且，机械设备不使用时要进行维护和保养。

（三）加强人员管理和人才培养

施工人员专业素养的优劣是决定公园园林绿化工程施工质量的主要因素，专业能力强、综合素养高的施工人员，对工程施工进度、施工质量以及施工管理方面均有着非常重要的积极影响。施工单位应该增强此方面的管理，注重人员自身素质的提升，选择专业水平和素质较高的人员，以确保施工质量不受其人员影响。相关部门和园林单位要注重对于施工人员的教育和培训，并对他们的实际能力有所掌握，根据施工人员的能力分配合适的工作岗位，并在工作中加强指导并及时纠正错误，只有对施工人员上岗工作的每一个环节进行把关，才能提高他们的自身素养，保证园林工程的顺利进行，对于施工中遇到的问题才能迎刃而解。遵守严格的规范是园林景观工程师或者是维修团队的标准，要加强施工人员和相关监管人员的要求，加强施工人员的思想和安全意识培训。

（四）做好施工技术交底

通常情况下，园林工程施工内容多、施工周期长、参与工种多，为保证各施工人员严格按照设计要求开展施工工作，施工前施工单位应组织相关施工负责人，做好充分的技术交底工作，使其明确各自负责的施工任务、施工流程、施工内容等，为其组织合适数量的施工人员及施工设备提供依据。同时，明确园林工程相关施工要素的重点、难点环节，要求其采取针对性措施，加强施工质量的控制。另外，根据园林工程各要素施工要求，制定明确的施工方案，要求各施工负责人认真把握施工目标的关键点，禁止无故延长工期情况的出现。此外，审查图纸可以了解现场的施工质量，从而判定其质量是否合格，是否需要重新修改。如果在审查中发现有错误存在，要及时与相关单位联系，找出较好的解决办法，并及时改正。还应检查定点放线工作，在放线时尽可能地派出 2～3 人一起，以确保苗木的种植位置不会偏离,从而保障苗木生长质量和景观效果。

（五）注重施工现场监督

为进一步提高施工质量，施工单位应做好施工现场的监督，要求施工人员保证施工细节质量。一方面,制定明确的施工巡视制度。施工前,施工单位应根据施工重点、难点,划分不同的巡视区域,并指定相关人员进行巡视,及时发现施工中存在的不良问题,督促施工人员加以整改。另一方面，注重施工细节的现场监督指导。部分施工细节应派经验丰富的技术人员亲临现场进行施工指导。例如，在一些园林小品施工中为确保施工人员严格按照设计要求施工,将一些施工细节处理到位,应有专人指导施工。

国民的经济发展速度很快，对园林艺术的要求也在不断提高。所以，我们在不断追求新创意的同时还要注意对工程施工质量的控制，这样才能保证园林工程的实用性能与服务性能。控制好施工质量对整个园林行业的发展是至关重要的，对我国园林艺术的发展也有着重大的意义。

第四节　园林工程施工中树木栽植

园林景观的设计和建设在城市规划项目里必不可少，而树木的栽植对于整个园林设计及其呈现结果至关重要。好的园林景观设计与建造不仅能为钢筋混凝土的城市带去勃勃生机，还能为当地带去不可估量的生态效益和经济价值。本节主要从三个方面分析了园林工程施工中树木栽植的实践问题。

一、树木栽植过程中现有的问题

（一）缺少详尽的施工方案

许多施工单位在正式开展施工工程之前，由于各种各样的因素，往往只是提供一个非常简单的设计方案。在没有成熟的施工方案指导下，施工队就展开工作，这样非常不利于工程的进行和管理。在施工过程中经常会出现树木栽植成活率低、施工进展缓慢、施工成本过高等一系列问题。因为缺乏详尽的施工方案的指导，工程管理部门与施工队伍常常脱节,造成施工停滞、人员矛盾增加等问题。

（二）苗木的质量参差不齐

在园林工程的树木栽植过程中，有的施工队伍经常选择成本低的次品苗木来使他们的经济效益最大化。这样造成的直接后果通常就是树木栽植后成活率极低，抗病虫害的能力极差，为后期的管理维护工作增加了成本，带来了极大的困难。有些施工队伍为了赶工期,在一些关键步骤上粗糙应付。例如,在进行大树移栽的挖掘时,不遵循相应的技术准则,不负责任地简单操作,伤到苗木根须,大大降低了树木移栽的存活率。

（三）缺乏健全有效的管理措施

树木栽植工程完成之后，并不意味着整个园林施工工程的结束。后期的管理、维护仍需投入大量的人力、物力、财力。如果缺乏健全有效的管理措施，那么后期带来的问题将非常严重。特别是旱、涝、病虫等自然灾害，会对树木的成活率有很大的影响，严重者还会造成生态环境的污染。所以需要及时有效的管理维护措施来进行树木栽植后的维护工作，增加树木的成活率，减少隐形成本。

二、树木栽植的施工过程分析

为了应对以上问题，在园林工程施工工作正式开展之前，需要对树木栽植的施工过程进行详尽的分析。针对现有的问题，制定出合理有效的解决方案，并提供具体详尽的施工方案，保证施工工作顺利进行，提高施工效率，节约成本。具体施工过程主要从以下三个方面来进行讨论。

（一）制定详尽的施工计划

详尽的计划是保证施工进展顺利、有效节约成本的前提。在施工工作开展之前，应该明确施工目的、内容、施工的具体要求。对施工场地进行现场考察，确定施工面积有多大、苗木数量需求有多少。最好能够设计清楚明了的图纸，让施工队充分明确施工方案。制定施工工期，合理有效地安排时间，避免隐形成本的浪费。增加施工人员对园林树木的基本常识，避免在施工过程中出现苗木损坏等低级错误。要充分做好工程预算，保证资金到位，避免因为资金问题导致施工停滞、延期。

（二）选择优质的栽植苗木

高质量的苗木是提高树木成活率，减少后期维护管理成本的基本保障。施工之前，一定要在苗木选择方面把好关。在进行苗木的选择时，最好将其根系作为判断标准，要选择根系粗壮、发达的苗木。也要根据施工地区的具体情况而定，选择适应该地区环境的苗木品种。例如根据不同地区环境选择耐旱、耐涝、耐寒、耐盐碱的苗木。

（三）完善栽植的工艺技术

树木的栽植是整个施工过程中的关键环节。进行树木的栽植之前要做好充分的准备工作，确定好施工现场场地是否平整，施工地土壤的类别是否合适。对现场进行放线测量，确保施工现场能充分满足图纸的设计要求。根据测量结果与实际情况，及时修正图纸。

苗木到达现场之前，要预先开挖好合适的树穴，及时栽植，确保苗木的成活率。树穴的大小尺寸要根据所选定的树种而定，不能盲目开挖，如果在树穴开挖过程中遇到不利于树木生长的因素，如坚硬的岩石块、塑料垃圾等要及时清理，保证在树木栽植后其生长能够正常进行。提前将树木与树穴做一一对应的编号处理也是提高施工效率，完善施工工艺的有效途径。

在进行较大树木的移栽工程时，要先寻找好挖树、运送的工具及设备，提高移栽效率、保证施工高效有序地进行。挖树时一般需要根据树木的大小确定其根部所需土球的大小，根部带一些土球可以提高树木的成活率，而所带土球的大小又需要根据树根的直径来确定。在挖树过程中，也要特别注意不能将其主要根须挖断，要着重培养施工人员这方面的意识。树木挖出之后，需要对其根部进行包扎，根据实际情况选择合适的包扎措施，保证其根部的土球在运输过程中不会散掉。

三、树木栽植后期的管理工作

（一）设置合理的支撑体系

刚移栽的树木需要建立一定的支撑体系，因为其根部还不稳定，与新土壤的结合也不稳固，很容易因强风天气的影响而被推倒。所以，要设置合适的支撑体系，使其根须稳定，尽快适应新环境。可以采用三角固定法，增加其根部的稳定性。

（二）注意浇水、防水

新移栽或种植的树木其根部尚未适应新的土壤环境，对水分和营养的吸收能力会有所下降。所以需要为其提供充足的水分，保证生长顺利。也要注意防水、控水，特别是易涝地区，防水措施一定要做好，避免因排水不通造成树木根木腐烂。

（三）病虫的防治工作体系

新移栽的树木对新的土壤环境适应能力较差，其防虫抗病的能力也会有所减弱，所以在栽植后要注意病虫的防治工作。可以准备一些高效杀虫剂，定时喷洒。在害虫多发季节，要特别注意预防，可以选择一些先进的农药，例如生物农药进行防治，以达到对环境污染小、杀虫效果佳的目的。树木栽植的病虫防治工作要以预防为主，治疗为辅，防治结合，做到综合治理。

综上所述，园林工程中施工中的树木栽植对城市的建设及发展至关重要。针对树木栽植存在的问题，要寻找有效的解决方法。要在现有的栽植工艺基础上优化提升，缩短工期，提高栽植效率及存活率。对于栽植后的管理工作也要提高认识、重点规划，尽可能地节约施工成本、缩短施工周期、提高树木成活率。

第五节　园林工程施工过程中的细节处理

园林工程施工具有系统性、周期长、内容复杂的特征，施工处于露天环境，在施工中不可避免地会受自然因素、人为因素等方面的影响，出现细节问题，直接影响园林工程的整体效果及美观度。本节对园林施工规划中的细节处理进行了具体分析，针对不同的施工内容，分析了有效的处理措施，以便为园林施工规划提供借鉴。

近年来，随着生态环境建设地大规模开展，园林工程行业的发展也迎来了新的机遇，但由于园林工程施工的系统性较强，其中的细节问题很容易被忽略，在施工规划、铺装施工、假山施工等多个环节中都会出现细节问题，影响整体施工效果与施工质量，使园林景观的美观性大打折扣。而园林工程具备一定的美学价值，其在城市中发挥着美化城市的作用，所以，必须重视对细节的处理，避免其影响园林工程的价值与效益。

一、园林施工规划细节处理措施分析

细节决定成败，这个法则在园林施工中同样适用，由于园林施工内容复杂，涉及多个专业学科，因此很容易忽略细节问题，主要表现有：施工规划的地理位置与实际施工位置存在偏差，对施工位置的相关信息掌握不全面，导致植物无法正常生长，一些纸上谈兵的园林规划内容往往缺乏可操作性与可行性，导致施工中出现问题，还要花费时间修改施工规划与施工设计，重新施工，严重浪费施工成本与施工资源。为此，在施工规划中，细节问题必须作为重点，要引起规划人员与施工单位的重视，并根据多年施工经验对细节问题做出有效处理，在保障园林工程质量基础上，提升园林工程的整体施工水平。在施工前全方位考察施工现场的客观环境条件，了解施工位置的土质条件、水文条件、自然环境、人文特色、地下工程结构等信息，通过合理分析，保障施工规划的合理性，在施工中减少客观因素对正常施工造成的影响。同时，在了解施工位置的基本信息后，分析施工条件及施工规划的规范性，从而制定专业性的施工规划方案，为施工设计提供可靠依据。此外，为了避免施工质量出现问题，要对施工用量等硬件条件做出规范，保障材料质量、设备质量符合施工要求。其中需要注意的是，园林施工不仅要局限于施工的地理位置，还应考察施工地点周围的环境，保障园林工程与周围环境和谐发展，并避免施工对周围环境造成影响。

二、园林工程铺装施工细节处理措施分析

首先，在硬质铺装环节上。为了保障园林景观中硬质景观部分的和谐统一，充分发挥其作用，施工中要规划硬质铺装施工特点，在整个景观体系中，硬质铺装能够烘托园林氛围、意境，能够分割景观，达到辅助景观效果的作用，其涉及的施工面积较小，所以必须严格控制施工细节部分。其中最重要的是，硬质铺装的风格要与园林整个风格相符，但要适当在硬质铺装施工中加入现代化建筑元素，结合意境可以将流行元素应用到其中，使园林氛围更加浓厚。在此基础上，可以利用新材料与新工艺增强硬质铺装的艺术效果。但是不能忽视园林施工的艺术性与环保性，尽量选择天然材质的铺装材料。

其次，在路边石加固上。目前在大多数园林施工中都会使用天然石材或预制混凝土结构作为路边石，但是受材质自身的影响，这种路边石无法保障长期的稳固，而施工中出现较大的荷载与冲击力也会导致其不牢固，导致质量问题的出现。因此，路边石加固这

个细节问题应得到施工人员的重视，在施工过程中，要结合施工情况以及施工要求，采取有效的措施对路边石进行加固，最好通过混凝土将路边石黏结在一起，既做好接缝位置处理，也使路边石的连接更加牢固，保障其稳定性，提升整体施工效果。

最后，在土建工程施工中。园林工程施工的内容主要是植物与土建工程的结合，所以土建工程在整体施工中也占据较大比重，其中有很多细节问题都会影响工程整体效果及质量。通常情况下，土建施工主要是根据施工设计图的要求，确定土建施工的位置，在具体位置上做好相应标准，避免在位置上出现误差。但由于实际施工中，经常出现设计图内容与施工情况不相符的问题，所以出现了严重的细节问题，导致最终完成的工程主体无法达到预期施工效果。但园林施工处于露天环境，受自然因素的限制，很多施工内容无法调整，因此，现场的施工人员应基于施工规范以及质量标准的要求，对施工现场进行灵活处理。例如，在施工中面层铺装是铺装施工的最后步骤，其需要使用到勾缝材料，保障面层的美观与稳定，为了使勾缝更加柔畅，与园林整体保持和谐，施工人员必须严格按照勾缝处理要求，使用统一规格的黏结材料。而在转弯铺装中，立模时要尽可能地保障其牢固、平整、表面不能出现凹凸不平的问题。

三、园林工程土方施工细节处理措施分析

园林施工必然会涉及土方挖掘工程，这项工程会对施工地理位置的整体稳定性造成影响，导致地基基础的承载能力变弱，但为了保障园林景观的效果，土方挖掘后需要通过加固措施，避免影响土质、地质结构及水文的稳定。因此，在土方挖掘施工过程中，涉及诸多专业性的施工细节问题，这些问题会直接决定整个施工的成与败。因此，从土方挖掘的位置、挖掘方法到挖掘后的具体处理都要进行科学合理的规划，由不同设计人员与技术人员给出多种施工方案，择优选择影响最小、工程量最少、景观效果好的土方挖掘工程，为假山施工奠定良好的基础。

此外，在园林工程施工中，从材料到后勤管理都会对施工质量以及安全管理造成影响，所以，在施工现场应配备充足的工作人员，对施工涉及的各个环节进行管理与科学规划，避免出现细节遗漏问题。例如，园林施工涉及植物种植，为了避免耽误施工进度，植物会提早运输到施工现场，如果不能及时进行施工，施工单位应将其放置在合理的位置存放，并定时洒水，保障植物湿润，尤其是在夏季，为了避免水分快速蒸发，应组织专业的技术人员对施工现场的植物进行管理。在园林施工中这些细节问题诸多，施工单位必须结合施工经验，不断完善施工细节，为施工质量提供坚实保障。

综上所述，园林工程施工的系统性与复杂性，决定了其施工规划中以及具体施工中存在诸多细节问题，这些细节问题往往会直接对施工效果及工程质量造成影响。而且从工程的整体角度来讲，细节问题也是施工的一部分，如果施工细节出现问题，无法保障工程的整体性与完善性，会直接影响工程的价值与效益。因此，施工单位从施工人员、技术人员到管理人员都应不断提升自身的综合素质与专业能力，能够结合施工实际情况，对

施工细节做出正确处理。

第六节　园林工程施工与成本管控分析

目前我国园林工程逐年增多，成本管控在工程施工中发挥了很大作用。如何通过成本控制与管理来实现经济效益的提升，成为当下面临的主要问题。本节针对园林工程的成本适用范围进行分析，由此指出当前我国园林工程施工成本管理当中的问题，由此推出相应的成本控制与管理策略以供参考。

我国城市化进程的加快为园林工程建设施工提供了一定程度的推动力，主要在于增大了成本投入，并对工程建设施工各个方面提出了更高的要求。园林工程建设的主要目的是保证城市建设的环保功能，使城市经济的发展与环境更加协调。我国园林工程建设施工的经验不足，在对成本进行控制的过程中，缺乏适当的方法。因此，需要针对当前的园林工程建设情况，明确成本控制的核心，利用合理的方法对其进行完善。

一、园林工程成本控制存在的问题

（一）意识不强

我国在开展园林工程建设施工的过程中，聘用人员大多为建筑行业的施工及管理人员，其主攻建筑施工及管理，对园林工程的了解程度不足。施工人员、管理人员及成本控制人员对园林工程的性能分析不足，在对成本进行控制时，难以针对园林工程特点对其进行系统规划。成本控制人员虽然能够根据自身的专业理论知识开展工作，但是还是难以将这项工作贯穿于工程整体。园林工程成本控制难以达到要求，主要就是由于管理人员的意识不强，没有对工程相关工作的可行性进行深入分析，难以有效控制工程成本，导致后期偏差较大。

（二）预算体制不完善

目前，大多数园林工程管理部门在园林建设中不是非常重视预算管理工作，没有构建完善的园林工程预算管理体制。在具体预算管理工作中，园林工程管理人员和采购人员、施工人员之间缺乏应有的沟通与交流，如果采购人员在园林材料采购工作中没有全面预算采购成本，施工人员在园林施工建设中未进行施工成本预算与控制，园林工程管理人员没有及时与他们进行沟通，必然对具体成本支出缺乏应有的了解，这样会导致后期成本支出超出初期的预算范围，进而造成成本失控。此外，当前部分园林工程管理部门的预算管理系统急需健全，这一问题主要体现在当前国内所开发的预算软件尚未达到理想效果。对于财务预算软件而言，完善的软件设施应包括会计核算子系统和管理会计子系统，可实际上，财务预算软件设施并不完善，特别是会计核算子系统，该系统尚不能保证园林工程预算的精确度。

（三）工程成本控制与投资金额之间的矛盾

园林建设工程本身具有艺术性和多元化的特征，想要突出这一点，需要园林设计师根据具体的园林区域特征，充分发挥设计者的想象力，制定设计方案。但在实际的设计过程中，设计者的设计意图会受到投资者的影响，致使园林设计方案存在着不透明性，园林设计突破不了投资者的局限性，因而容易使科学合理的设计方案不被采纳，进而造成工程项目的投资成本增加，这也是投资决策方面的失误，投资者的观点态度对工程设计方案产生影响，进而影响了整个工程成本的预算和支出。

二、如何做好园林工程预算与成本控制工作

（一）实施动态管理方式

动态管理是运用现代化管理技术对工程的每个阶段、每个环节的成本管理进行全过程的动态监控，具体包括统筹阶段、设计阶段、施工阶段和竣工验收阶段。在统筹阶段，因地制宜，根据地方园林特色，统筹考虑存在的风险因素，确定最佳决策方案，方案的设计只有积极合理地采用新技术与新工艺，才有利于设计出产生经济效益的方案。在施工阶段，对其进行动态管理能够进一步严格施工管理的组织方式，适时地给予监督，能够促进工程管理取得明显效果。在竣工验收阶段，实施动态管理，能够严格验收标准，保证工程的质量，同时可以实现对绿化工程养护工作的实时管理和监督，及时发现其中存在的问题，为企业施工者提供养护参考。

（二）增强工作人员的预算管理意识

工作人员的预算管理意识决定了园林工程预算管理工作的最终效果，所以园林管理部门必须重视提高工作人员的预算管理意识，引导他们熟练掌握相关预算管理工作的知识。同时，园林工程管理部门须重视推动工作人员的合理转型，即由传统人工预算模式转变为信息化预算模式，并引导他们不断创新和完善园林工程预算管理结构，做好全面预算管理工作。此外，在园林工程预算工作人员业务转型过程中，园林工程管理部门应调动全体工作人员积极参与转型活动，从编制预算、执行预算、预算考核以及具体奖惩等各个环节强化预算管理全流程，并从人工成本预算、园林材料采购成本预算、施工成本预算这三项工作中全面提升预算管理工作效果。

（三）建立完善的预算管理机制与体系

为确保园林工程预算管理工作的高效实施，园林工程管理部门必须注重构建完善的预算管理机构及制度。就目前而言，园林工程预算管理工作涉及范围较为广泛，这必然会影响工作效率，对此，园林工程管理部门应全面引进信息化预算管理系统设施，不断优化会计核算子系统和管理会计子系统。与此同时，要全面加强资金预算管理工作，合理分配园林工程项目资金的使用，从而有效提升项目资金的实用价值。此外，园林工程预

算管理是指在特定目标的前提下对园林工程建设工期以及施工成本进行系统监管和控制，从而有效提升园林工程建设质量，节约施工成本。并且，园林工程预算管理主要分为施工成本管理、采购成本管理和人工费用管理等几项预算。因此，构建完善的预算管理机制与体系，必须将这三种成本纳入其中，细化不同成本的核算方式。

（四）做好预算编制，落实成本管控

这就要求应当从设计阶段就必须严抓园林工程的成本控制及管理，并且在整个园林工程的设计当中，必须要切实做好各项工程的预算工作。需要以此来规划计算好园林工程的成本范畴，从而据此做好整个工程的预算工作。不过，预算工作比较容易受到外来因素影响，像价格、天气因素等。因此，在后续的施工当中，相应的成本将由此改变，而设计阶段所开展的成本预算并不等同于工程的实际成本。

园林工程建设在设计阶段对园林工程成本产生的影响相当明显，设计者与管理者须在设计阶段综合考虑影响工程成本的具体因素，实施动态管理的方式，提升设计者的知识水平，完善施工单位的决策方式，设计出科学可行、经济适用的方案，以实现多方面对工程成本的管理与控制，降低工程的成本，增加企业的经济收益。

第七节　园林施工新工艺应用于园林工程中的价值

将园林施工新工艺应用于园林施工中，有利于使园林建设理念得以优化，推动园林施工工艺的更新与进步。在新工艺的实际应用过程中，施工单位必须明确施工过程中存在的难点、重点，了解施工任务，促使园林工程新工艺充分发挥作用，提高园林工程施工质量，达到经济效益、社会效益双赢的目的，推动园林工程建设的发展，使其符合我国可持续发展战略的要求。

社会经济的迅速发展使人们的生活环境产生了很大变化，其中包括自然环境、社会环境的改变。自然环境对人类有很大影响，就我国的城市而言，主要通过园林施工达到美化城市环境、改善生活环境的目的。随着园林工程的进一步发展，园林施工新工艺应运而生，为园林工程建设工作提供了良好的条件。园林施工新工艺主要体现在植物养护、种植土选择、植物种植、园林小品等多个方面，通过合理应用园林施工新工艺，而确保施工质量。

一、园林施工新工艺在应用过程中的具体问题表现

在园林工程施工中，首先要考虑园林道路施工、园林建筑施工。除此之外，设计人员还需考虑到园林植被与山石的搭配问题，然后根据所考虑的内容，制定合理的施工方案。从传统园林工程施工情况上看，施工人员会忽略园林中已经有的灌木、乔木，这便导致园林工程的艺术性遭到破坏。园林工程施工人员在参与施工的过程中，必须考虑园林景观

各施工环节与整体之间的关联,将园林施工新工艺的特征表现出来。对现场的排水工作,施工人员需及时进行处理,以免对园林景观整体造成影响。在施工过程中,施工人员需要解决的问题较多,例如植被配置的协调、改造园林生态、园林工程施工管理等,施工单位必须综合考虑多方面的因素。

二、园林工程施工新工艺在园林施工中的应用

(一)透水软管的应用

透水软管应用到的材料主要为P.V.C过滤管壁与内衬钢丝。与普通转孔排水滴管相较,透水软管具有其自身的特征,它能够通过纤维对土石多余水分进行吸收,使其饱和后,滴至管中,使其汇集从而排水。透水软管的使用能够使软土层改良技术问题得到解决,是一种应用效果比较理想的园林施工新技术。

(二)三维垫网防护技术的应用

在植草固土处理时,可将三维垫网防护技术应用于其中,选取90%空间将土壤、砂砾、细石填满。与此同时,还需确保土壤的疏松度与柔软度,确保植物根部可被穿过,使植物能够整体、均衡生长。当植物根系逐渐深入,且与草皮、泥土、网垫连接后,便会有绿色复合保护层形成。这种技术的应用可以取得较好的绿化效果,在环山路侧护坡中非常适用。

(三)雨水回收技术的应用

雨水回收可以提高自然资源的高效性,可使自然资源得以循环使用,环保节能效果良好。在该技术的应用中,施工单位需修建相关设施,并备好设备,对自然降水进行收集、处理,可使自然降水被合理利用。自然降水能够被应用于绿化浇灌、道路冲洗中,可达到环保的目的。

(四)高边坡防护技术

为了使边坡强度增强,促使坡面抗滑移、抗剪能力提升,促使边坡力学性能改善,提高边坡稳定性,在施工过程中,必须应用高边坡防护技术,该技术在人工湖施工、高坡施工中适用。在设计边坡防护施工方案时,施工单位设计人员要综合考虑到多种因素,例如施工现场具体情况、园林已有植被、边坡高度、现场地质与水文条件等。高边坡防护技术通常选用两种类型的技术,分别为砌体封闭防护技术、植物防护技术。其中植物防护技术在边坡地质条件良好的情况下适用,可确保边坡的稳定性,促使生态效益提升。砌体封闭防护技术在地质条件不佳、边坡强度要求高的情况下适用,可以使水土得以保持。

(五)铺装工程新技术

在园林工程施工中,为了使美观度提升,一般会铺设多种图案,丰富园林景观的内

容。为了使园林景观表现能力突出，可选用陶瓷片，并将其贴于水石面层上，使瓷片、水泥两者的对比更加鲜明，使景观独特性突出。从透水砖的类别上看，可分为环保透水砖、陶瓷透水砖两个类别，其中环保透水砖在公园游步道中适用，无法承载重车通行。陶瓷透水砖在停车场、步行街与人行道中适用，具有良好的防滑性、耐磨性。

为了提高园林工程建设的美观度，突出环保理念，必须合理控制压强。透水砖属于一种新型材料，该材料的应用能够达到控制压强的目的，不仅能够使水土保持，而且有利于取得较为理想的环保效果。近几年，市场上又出现了一种新型材料，被称作生态透水地坪，它也可称作彩色透水混凝土，材料质地较轻，有利于为雨水的渗入提供条件，可对地面油类化合物及时给予清理。除此之外，该材料具有丰富的色彩，可以使人们的审美需求得到满足。

园林施工新工艺的出现是城市化发展的必然趋势，会对园林景观的生长与施工效果产生直接影响。近年来，人们的生活水平与过去相较取得了很大的提升，对生活环境也提出了更高的要求，园林景观区域属于人们生活环境中的一部分。为了满足人们的需求，必须采取措施提高园林景观施工质量。园林施工新工艺的出现，可以弥补传统园林施工方法中的不足，提高工程整体质量。

第二章 园林工程施工理念

第一节 基于节能理念的园林建筑施工技术

近年来可持续发展的观念已经在各行各业得到了深入的贯彻与落实，通过大量的实践证明，节能型技术在我国园林建筑中的大量应用，可使我国的园林建设的环保性大大提升。而现在基于节能理念的园林建筑也充分得到了人们的认可，本节主要针对节能型施工技术在我国园林建筑施工中的应用进行分析，并对存在的一些问题提出相应的解决措施。

园林建筑在现代化城市建设中有着极其重要的位置，可以调节气候，提高城市空气质量，为人们提供良好、健康的娱乐空间。由于景观设计复杂，功能增多，在建设的过程当中要消耗掉大量的资源，使得资源紧张情况愈加严重。因此，为了园林建设的可持续发展，在建设过程中必须融入环保节能理念，大大地提高对自然、社会资源的综合利用率。在施工建设的各个环节都要最大限度地减少自然资源能源消耗，实现环保效益、社会效益、经济效益的高度统一，这是城市园林建设高度发展的必备条件。

一、园林建筑施工的主要内容

因为建设地区的地理环境、设计风格、施工方式的不同，所以园林施工也呈现出各具特点的形态。但不管外观形态上有多么大的不同，园林建筑施工的主要意义都是构建一个在现代化城市氛围中，可以为人们提供和自然高度协调统一的休憩、健身、娱乐场所。园林建筑在施工的过程中，需要大量的人力资源和物力资源，特别是在前期设计规划过程中，在园林施工建设前期，首先要对施工建设进行科学的规划，规划中要保证前期投入合理，在施工的过程当中要基于节能理念，对节能型技术进行最大比重的应用，这样可以减少一些不必要的投入，将最好、最完美的园林效果呈现在人们面前。

在园林建筑施工过程当中，由于景观分化细致，涉及的建筑量较多，对工艺要求和专业要求也非常高。因此，园林建筑的主要建设内容往往是非常烦琐的，大致可以分为以下几个内容：①建筑的测量；②清理疏通管道路面；③修整水电和绿化。

二、园林建筑施工节能技术的主要分类

在园林建筑施工中应用的节能技术主要分为主动式节能和被动式节能两种：

（一）主动式节能

主动式节能主要指的是在园林建筑的施工过程中，通过对建筑设施进行一定的规划安排，最后达到节能的效果。在园林建筑的施工过程中，施工人员可以将不可再生的资源转化成为可再生资源，比如利用太阳能，不仅能够环保有效地存储大量的能源，还可以对这些能源资源进行充分有效的利用，从而更好地实现可持续的发展。在园林建筑的施工过程中，由于各种因素的限制，太阳能等储备能源在很多建筑中并不能充分发挥其作用，所以，一般这种情况下是在特定的建筑园林施工厂采用一些较微型的太阳能发电机，以达到节能的目的。

（二）被动式节能

被动式节能主要指的是园林建筑的相关设计者在实地考察情况后再进行园林建筑的设计，这可以使园林建筑与城市建筑更好地融合在一起，从而实现节能的目的。建筑设计人员需要对当地的气候、环境特点进行详尽的考察，还应根据园林内的建筑要求来重新规划设计方案，这样才能使得建筑在具有观赏性的同时又带有实用性。相对来讲，被动式节能可以更好实现节能的目的，但是需要建筑的设计师对整个工程进行科学全面的分析，同时还应懂得利用配套的施工材料，这样才能更好地发挥整个园林建筑的优势，不仅可以提高园林建筑施工效率，还能够更好地实现节能的目的。

但是，主动式节能的前期投入成本较大，所以这种方式在实际应用过程中往往不会被广泛地投入使用。这种方式一般只会应用在园林的局部修建过程中。而被动式节能技术在园林施工的过程中被应用较广，最主要的是被动式节能技术能对当地地势、土壤等地理条件进行充分的利用，而节能效果也往往比主动式节能的效果要好很多。但这种方法在实际应用的过程中必须要对建筑场地的气候、光照等自然因素进行准确地掌握，并与施工的进度相协调，保证可再生能源资源在使用的过程中能被高效利用。这样才能从根本上解决能源浪费的问题。

三、基于节能理念的园林建筑施工的重大意义

当代提倡节能环保，城市园林建筑也应遵循这一理念，在前期规划时必须体现节能这理念，建设节约资源能源、维护生态平衡的节能型园林。只有借助先进的材料和工艺开展新型园林建设，才能有效改善国内能源总量不断减少、利用率低、资源紧张的现象，同时，减少高能耗排放，对环保有很大的积极意义。从我国当前形势来看，由于城市化进程的加快，出现了一系列问题，如：环境污染、人口激增等，严重破坏了生态平衡。长此以往会导致土地矛盾加剧，水资源不足。为解决这些矛盾，更好地实现可持续发展，务必要将节能理念融合于城市建设中，而园林建筑作为城市建设的重中之重，实现节能化建设是必然的趋势。

基于节能理念的园林建筑施工，可有效地缓解国内资源、能源紧张的局面，维护城市

生态平衡。对于促进城建可持续发展和社会经济发展，都具有重大的意义。

四、园林建筑施工过程中面临的问题和应对措施

由于目前我国在园林建设中应用节能技术的水平还尚未成熟，因此，在园林建设过程中，既做到节能低耗又高质量高效率的完成相对而言比较困难。因此，在落实相关技术和要求标准时，管理人员应着重做好监督工作，避免漏洞的产生。施工人员在进行建筑材料选择时应当充分考虑建材的材质和使用年限，在投入资金充足的前提下尽可能选择节能效果好且使用年限长的建材，同时应保证建材符合施工的需要。既要保证用料安全，又要考虑经济适用性，节约建筑的成本。在施工过程中，对于施工人员的正确分配也是管理部门的重要职责，对建筑施工人员要进行合理分配，减少人员的重复施工。明确员工的工作范围，合理妥善地安排人力资源，最大化地实现人力资源优化配置。在施工过程中可以采用制表轮班制度，这样既可以减少人力的浪费，也可以减少施工人员的工作压力，提高施工人员的工作效率。最后要定期对施工人员进行专业技术培训，防止因为专业性不强、技术落后等问题造成园林建筑施工无法顺利进行的局面。

五、园林建筑的节能型施工技术的优化措施

（一）太阳能技术的应用

在园林建筑施工的过程中，由于露天面积很广，占地面积比较大，应用一些大型的机械设备时耗电量也非常大，造成了严重的能源浪费。针对这种状况，应该应用太阳能技术，太阳能技术将热能转化成为电能，再把转化后的电能进行储存，通过连接供电设施和相关线路就可以满足照明需求。应用太阳能技术还能够有效控制园林建筑的采光和植物受光率，这对于园林建筑内部的植物的生长是非常有益的。

太阳能作为干净能源非常可靠安全，不需要能源消耗，也不会产生能源废弃物污染环境，而且维护过程简单，操作简单，使用方便。基于这些优势，非常适用于园林的建筑施工过程，在节省能源资源的同时还可以收到良好的节能环保效果。

（二）新工艺在建材方面的应用

在园林建筑具体的施工过程中，对于建材的节约能够有效节约能源、资源，同时也会大大提高整体施工质量和工作效率。而建材的节约则需要改进和创新园林的施工工艺和施工技术。比如说在引水方面，可以改造原水管，利用先进的工艺制造循环水，针对那些耗水量很大的园林工程，循环水的大规模应用可以提升水资源的利用率。所以，在园林建筑施工过程中，应该积极地探索新工艺、新技术，在节省建筑材料的同时提高建材使用率。

园林建筑在进行建设的时候，需要耗费大量的人力、物力，但是也可以给人们带来很好的放松场所。因此，在施工的时候，所选用的施工技术一定是以节能作为目标的，只有

在节能的基础上，保质保量地去完成园林建筑工程的施工，才可以真正地给人们带来园林应有的效果。

第二节　如何将生态理念融入园林施工之中

随着经济的发展，人们更加享受生活，所以他们对生态理念环境非常重视。增强园林建筑的设计对于生态理念来说起着很重要的作用。此文主要介绍了怎样将生态理念利用到园林施工中去，然后找出了相应的解决方法，可以使生态理念在园林施工中得到应用。

在目前的背景下，随着经济的发展，人们更加享受生活，“生态环保”意识得到增强，因此都非常重视生态理念的发展问题。把生态理念运用到园林施工，也可以使得园林的生态建设不断发展。它既是现代建筑施工行业的关注内容，也是城市绿化建设在未来发展的目标。

一、生态理念在园林施工中的价值含义

园林建筑施工的迅速发展，使生态理念也得到了迅速的发展。进行城市园林景观设计时，一个角落的园林风景所展示的是一个小的生物循环系统。生态理论运用到园林设计，可以使得人们更加享受生活。

（一）生态环境的高质量提升

进行现代园林施工时，提高“生态理念”可以促进施工质量和建设效果的发展。依据相关部门的了解，注重在施工中运用“生态性”，可以大大地增强园林工程建设的整体质量。一方面可以缩短施工时间，每个环节的对接服务更加完善，另一方面优化了城市空气、净化了水资源、可以让人们拥有好的生活环境。

（二）生态形象的逐步确立

大多数人都知道，绿色是能让人们感到很舒心的，人们的生理、心理都更加注重绿色。引用生态理念，可以让园林施工有更大的发展和创新。园林设计师重视的是园林施工时的绿植是否合理，所以尽量从每个方面新添“绿植”，做到生态美化。在以“环保、绿色、低碳”为目标的生活基础上，创新园林景观的设计，可以加强城市的生态效益，使得城市更加具有艺术感。

（三）生态工程的整体加强

综合地将园林施工时的现场处理、植物搭配、现代化设计等相互融合，设计者可以利用“生态绿化工程”的理念，将园林施工工程美化调整。尤其是因为生态理论在园林施工中耗费的时间长，因此设计工作者需要加强对植物的保护和管理，还要在施工中将技术流程变得更加合理，继而不断地让生态理念在园林施工中得到绽放。

二、生态理念指引园林施工常见的问题

（一）园林施工中人文色彩的缺失

开始建立园林建筑时，图纸在整个施工过程中是基础。一般情况下施工图纸的设计者都没有借鉴施工人员、业主的意见。园林设计师在设计方案的时候，会出现一些象征性和艺术性的构成艺术，因为没有交流，施工人员一般是不会懂得设计师的设计重点，这便使得设计者的设计意图扭曲，出现了施工理念、施工效果中人文色彩不足的问题。

（二）园林养护工作中生态意识缺乏

进行园林工程的竣工时，要进行验收调整，还应该做出相应的施工技术维护工作。但是，当下的园林工作中，大多数企业没有进行成本管控、资料维护和保养，阻碍了各项管理任务的顺利完成，没有相应的养护和管理上的实践知识。这种情况下，在园林施工的过程中，要防止出现一系列的生态循环失误。

（三）园林施工队伍的素质亟待强化

园林施工工作具有很多的复杂性，施工者应该根据当地的气候环境、植物的生长状态、发展特征，找出以往的设计方案，运用因地制宜的园林植物组合、设计。要明确的选择树种，也要思考树木的功能，让园林施工更加具有生态性和美观性。因为大多数施工人员是临时找的，没有掌握园林施工过程的知识，使得生态价值没有展现出来。因此要提高园林施工队伍的专业水平。

三、如何强化生态理念在园林施工中的融入

（一）多项沟通，融入绿化生态设计理念

总体上来说，影响园林施工工作的因素有很多，例如城建、交通、环保等。所以，当开始进行园林施工建筑时，要求设计师与业主、施工者、工程相关者多多交流，不断地掌握植物周围的环境、人们的要求，尤其当设计草图时进行的艺术创造，只有施工人员掌握好植物的保护工作知识，才可以建设。园林绿化的工作者，更需要加强监督园林养护技术的实施，建立一部比较完善的园林绿化管理体制。只有使园林绿化的技术更加专业化，养护更加合理，这样才能够让园林绿地景观的质量不断增强。在实际的施工过程中，设计师不仅要缩小资源利用，更要注重“环保型”建筑材料的运用。在保证园林预算不变的情况下，防止运用不健康的建筑材料。在此，在使用水能、电能、风能、太阳能时，保证可以不浪费循环利用，把城市排污工程和园林工程结合在一起。

（二）乡土植物，不断融入生态养护意识

践行绿化生态设计理念时，可以设立特殊的“乡土植物”景观园林，使用土生土长的

物种，能够趋近城市规划的目标。最大限度地使用本土绿色植物和自然再生设备，要不断地降低在园林建设中对外地树种的需求。在人力、物力等各个方面降低成本，例如运输、种植、管理、养护等，发挥节约资源的效益。本土植物的优势在于遗传、形态、环境能与本土相适，这便使其具有生态效益。比如，广东省很多城市在进行园林施工时，都利用了"乡土植物"建设生态园林艺术，这使得植物成本不断降低，使生态理念融入城市景观园林设计中去。使用生命力强、生态效果好的本地品种为主要植物，这样更加具有实用性与观赏性形成两者融合在一起的"生态型"园林绿化景观。进行"低碳环保"时，结合生态效益很关键，创新出一个绿色生态、合理的现代化城市园林施工顺序。

（三）提高认识，不断强化施工人员的专业水平

进行生态园林施工时，施工人员要不断履行自己的义务，自觉地提高自己的专业水平。把广东地区作为案例，广东省在中国大陆南端，纬度很低，在副热带地区。气候潮湿，树的品种有海南红豆、樟树、鸭脚木等。许多工作人员不熟悉树木的生态特性，种植步骤也不清楚，没有深入分析这些植物，使得植物成活率低。这便要求相关企业管理人员对他们进行专业的培训，加强园林工作人员的知识、鉴赏能力从而提升园林养护水平。建设一个合理的施工管理顺序，依据种植时间的长短对植物做出分段，依据种植时间的长短分为长满期、旺长阶段、缓长阶段，继而不断促进施工管理、技术养护的发展。

总体来说，在当代的生态园林设计下，人们更加享受生活，注重健康环境绿色化。发展城市化的时候，园林工程在城市绿化中起着重要作用，展现了人们的生理、心理需要。所以，要求园林设计者不管是在哪个施工环节都需尽量运用生态理念，要满足人们日益增长的需求，还要运用好低碳环保、和谐生态等理念。让人们更加有信心，对未来充满了希望。所以，更要加强生态、和谐、舒适、美好的园林生态环境的建设。

第三节　绿色环保理念下园林工程施工质量管理体系

随着人们生活水平的提高，人们对美好生活的追求随之提升。为了使居民生活越来越好，提高生活环境质量是刻不容缓的。当前的大气污染和资源消耗对人们的生存造成了很大压力，节能减排、低碳环保是社会发展必须追寻的目标。在此背景下，园林工程施工质量管理体系的构建至关重要，因为其有利于工程建设的顺利开展，能够营造良好的城市环境。基于此，本节就影响园林工程施工质量的因素展开分析，并提出绿色环保理念下园林工程施工质量管理体系的构建对策。

随着社会的不断发展与进步，人们的生活水平不断提高，改善环境，为人们提供一个自然生态的休憩娱乐场所，是城市建造者的追求目标，也是民众的心之所向。所以，节能减排、低碳环保、绿色理念，逐渐在人们的意识里加强加深。环境与人们的生活息息相关，不容忽视，因此便对园林工程施工有了更多、更细致的要求。幸福生活不只在于丰衣足

食，也在于碧水蓝天。所以，发展经济不能以牺牲环境为代价，无论是建造者还是普通民众都要有这样的情怀：追求绿色时尚，走向绿色文明。

一、对绿色环保理念的认识

改善生活环境，为居民提供一个自然环保的休憩娱乐场所是城市规划师和建造师的追求目标，也是老百姓的心之所向，这便凸显了低碳环保理念的重要性。节约不可再生的能源，降低二氧化碳的排放量，是保护环境和维持生态平衡的关键，是政府的责任，也是每个公民的义务。

今天的城市化建设发展迅速，对于园林工程的施工要求在逐渐提高。因此，需要在园林施工过程中秉持低碳环保、节能减排的理念，充分发挥景观园林的生态价值，在给人们带来经济效益的同时使城市建设和自然生态保持平衡。

对绿色环保理念的认识，也是社会进步认识的体现。相关部门重视园林工程建设，并将环保理念融于工程建设中，不仅是人们环保意识提高的表现，也是建设可持续发展社会的实践过程。在园林工程中，组建环保型的生态圈，提升园林的观赏价值，也能有效提升利用生态环境改建城市生活的影响力，进而营造良好的城市发展环境。

二、影响园林工程施工质量的因素

（一）环保意识欠缺

要想创建良好的绿化环境，首先园林设计者和园林施工者要有足够的环保概念和认识。比如，在园林工程建设的过程中，相关的工作人员不仅要注重园林工程的观赏价值，也要合理考虑到在工程建设过程中产生的能源消耗问题，重视资源再利用、减少环境污染、减少噪声污染等都是环保的体现。但是，当前部分工程的建设重点放在了效益、观赏性及工程进度方面，未能合理分析工程中的环保因素。另外，普通民众也要提高对绿色环保理念的认识，这样才能维护好绿色园林建设大环境。

（二）施工管理不完善

随着社会的发展，城市园林绿化工程项目逐渐增多。随着园林工程长期发展过程中的经验积累，现今已形成了较为成熟的施工管理体系，工程建设效率得到了大幅度提升。但是，施工过程中仍有一些管理不完善的情况出现，如施工方案落实不到位、施工标准不够严谨、环保意识融合不够全面等。部分施工团队对于环保施工理念的应用仍停留在表面的形式上，重视口号，忽视实践，同时没有相关的管理者进行监督管理，环保理念落实不到位。这不仅会降低园林工程的使用价值，也会损害园林景观建设在公众心中的形象，导致经济效益和社会效益降低。

（三）施工方案不科学

要想确保园林建设符合绿色环保理念，首先要制定科学合理的施工方案，最大限度地发挥园林建设的价值。但是，我国地域辽阔、跨度大，每个地区的地理环境、水资源、植被等情况都是不一样的，在制定园林设计方案的时候，需要借鉴业内的设计成果，这就导致创新能力不足。同时，很多园林建造者或开发商在这方面的意识不强，缺少合理的规划设计，只是追求新意、追求美观，未考虑此地与彼地的环境差异，一味照搬模仿，导致引入的植被不适应当地的生态环境、配置的园林小品和周围环境不协调等问题的出现，进而导致园林工程建设达不到预期效果，最终不得已荒芜或是废弃。

三、绿色环保理念下园林工程施工质量管理体系的构建对策

（一）施工前期的规划设计

在施工前期进行环保方案设计时，一定要坚持从实践中发现设计思维，从各方面研究、探索出绿色园林建设的方法与技巧，将其合理应用在实际的工程项目中。一是加强对绿色生态材料的使用。在前期的规划设计中，使用生态材料，不仅环保，还能实现可持续发展。譬如，可以在园林植物的栽植过程中加入适量的有机物质，促进植物健康生长；还可以结合已有的环境进行创新规划，实现资源的循环利用，提升园林绿化的品质。二是多品种结合，最大限度地丰富园林植物。在实际规划设计中，要结合所在地的气候、人文等因素，选择合适的园林植物进行栽植，特别是本土植物必不可少，实现园林植物多样化，为人们创造良好的生活环境。

（二）人力资源管理

园林绿化施工具有非常强的专业特点，只有保证园林绿化施工的专业性，才能保证园林绿化工程发挥其作用，而人才在这个过程中的作用非常关键。总的来说，为了促进人力资源在园林工程绿色施工中发挥作用，应从以下三点入手：一是建立健全园林绿化施工人员激励机制。在园林绿化施工中，结合实际情况，让薪酬的杠杆作用发挥出来，奖罚分明，充分激发施工人员的工作热情。二是加强员工之间的竞争。在日常施工管理中，对工作积极负责的施工人员加以关注，同时适时淘汰施工能力弱的人员。三是加强培训，提升园林施工人员的综合能力和素质，这样才能有效提升园林工程的施工效率。

（三）技术管理

对园林工程加强技术管理，是保证园林工程顺利实施的重要部分，是保障园林工程施工质量的核心手段。一是加强园林工程施工前的技术管理。在园林工程施工前，施工人员要结合所在地方的季节、气候、地域特点等因素，首先做好人员组织，选择能力强的专业施工人员，同时要加强管理，这样才能保证园林工程的施工质量。其次是强化材料的采购，特别是园林植物、施工机械等要严格选用，不允许不合格材料进场。对于园林植

物，要尽量减少运输和人为损坏。二是加强园林工程施工过程中的技术管理，只有做好这一环节的管理，才能避免不良因素的影响，有效提升园林工程的施工质量。在这个过程中，要采取有效措施杜绝施工质量问题的出现，一旦发现苗头，要及时进行返工，不让"带病"环节进入下一流程，特别是定点放线、挖坑、种植等环节不能出现任何问题。三是园林工程施工完成后的技术管理，该阶段主要是加强养护管理，保证植被成活率。施工人员要结合不同植物特性、具体的天气情况等，做好浇灌、施肥和病虫害防治工作，在炎热的夏季要注意为植物遮阴。

建设节能、绿色、环保的城市园林是一座城市造福于民的体现。绿色环保理念下园林工程施工质量管理体系的构建是园林工程建设的一种重要保障。管理体系的构建，不仅可以保证园林工程质量，还有助于环保理念下设计方案的顺利实施，更能给城市里的居民带来愉悦的心情。罗丹说过"世间的活动，缺点虽多，但仍是美好的。"所以，园林设计者及工作者要保持向上的精神，不断修改、完善建设与管理方案，为创建绿色环保的园林景观做出应有的贡献。

第四节　基于可持续发展理念下的园林工程施工

随着经济水平的不断发展，我国在国际上的地位也在不断提升，但是伴随着经济的发展，环境污染问题也日益严重，尤其是空气污染、生态破坏、资源匮乏等问题已经严重地影响了人们的正常生活和可持续发展。随着生活水平的提高，人们对居住环境的要求也在不断提高，园林绿化工程成了改善居住环境的重要途径。在城市化进程不断推进的形势下，城市园林工程的建设施工出现了较多的问题，例如设计不合理、过于注重规模而忽视了质量。这些问题会极大地限制城市的可持续发展，还会造成人力资源浪费，更不符合可持续发展的要求。因此，合理的规划设计园林工程对于实现可持续发展具有重要的意义。本节对当前园林工程施工中存在的问题进行了归纳和总结，并结合可持续发展的要求提出园林工程施工的措施和方法。

一、当前我国园林工程施工存在的问题

（一）国家和建筑公司缺少对园林工程施工的严格规范，相关管理制度不健全

与国外相比，我国推进城市化的时间较短，相关的经验较为缺乏，与西方国家存在较大的差距。当前，我国的园林工程建设正处于发展的初级阶段，尤其是在施工管理方面。当前，我国尚未针对园林工程施工制定明确的标准和规范，因此无法对园林工程施工进行有效的监管，当园林工程施工过程中出现问题也无法及时有效地进行解决。另一方面，

建设单位在实际工作过程中监管力度不强，没有有效地执行各项管理规范，对一些常规问题也无法及时有效解决，这样很容易造成工期的延误，增加施工成本。

（二）建筑公司聘用的园林工程施工人员专业技术水平低，维护人员不尽责

园林工程施工人员的素质直接影响着园林工程的施工质量。随着园林工程的不断发展，其建设规模也在不断扩大，这增加了对园林工程施工建设人员的需求。由于大多数建设工作都是体力劳动，在进行施工人员的选聘时往往会忽视对其专业素质和能力的考察。这导致我国园林工程施工建设人员的整体素质偏低，专业能力不足，这容易导致在施工过程中出现严重的事故。

（三）园林工程从设计到施工过程都缺少合理规划，造成严重的资源浪费

在进行园林工程设计时，设计人员需要对施工现场的地质、资源等进行全面的考察，再利用有限的资源进行工程的设计。但是在实际设计的过程中，很多设计人员没有对涉及的因素进行全面的考察，从而导致了资源利用的不合理以及严重的资源浪费的情况出现。此外，设计上的不合理还会导致工程占地面积过大，不利于进行城市的整体规划。在进行园林工程施工设计时，若管理不合理或施工人员整体素质偏低都会延长施工的工期。北京的一些园林在设计上就存在问题，设计师在设计时没有考虑到北京土地资源的限制，一味地追求园林的规模，却没有注重公园周边的人口密度和环境，从而导致公园没有真正发挥其功能和价值。值得注意的是，在园林工程施工完成后，需要对其进行专门的养护，防止对园林造成人为的破坏或者造成资源的浪费。

二、将可持续发展理念运用到园林工程施工中的意义分析

（一）有利于合理规划土地资源，节约资金投入

园林工程设计各个方面都要体现可持续发展的理念，只有这样才能充分利用有限的土地、山水等资源，建设良好的园林结构，减少资源的浪费，降低占地面积，降低施工成本。此外，良好的园林建筑还能提升城市整体的形象和文化氛围。

（二）为城市文化建设提供良好氛围，促进城市其他各方面的发展

在城市园林工程规划设计中应用可持续发展的理念可以有效提高施工效率，加强施工质量，从而为城市居民提供更加良好的生活与活动空间。此外，良好的园林建筑还能在突发事件发生时起到重要作用。将可持续发展理念贯穿落实到园林工程设计施工过程中的各个方面可以进一步完善可持续发展的理念，促进城市化进程的合理推进。

（三）提高绿化效果，明确建筑公司其他工程的可持续性改革方向

在园林工程施工过程中应用可持续发展理念可以确保施工过程的有效开展，增强园

林绿化的效果,提高城市环境质量,发展绿色经济。除此之外,建筑公司还可以将园林工程设计方面的经验应用到其他工程项目中,提高建筑企业整体施工的水平,促进各个建设项目的可持续发展,提升企业自身的能力和形象,最终促进建筑业的整体发展。

三、园林工程施工中如何渗透可持续发展理念

(一)结合可持续发展理念完善园林工程施工管理制度

要在园林工程设计与施工中有效地应用可持续发展理念,必须首先建立完善的园林施工管理制度。国家的相关部门应当加快完善园林规划设计方面的相关法律法规,明确责任分配制度,加强对施工现场的监管,一旦在施工的过程中出现任何问题都可以得到及时的解决,并做出相应的惩处。建筑企业在制定管理制度时需要从自身实际需要出发,加强对施工现场的管理,做到对资源的合理配置。

(二)施工过程中通过培训等方式提高施工人员专业水平和素质

施工人员对园林建筑的施工质量有着直接的影响,因此,加强对施工人员的培训是十分重要的。在进行施工人员的选聘时需要适当地提高标准,从施工人员的专业素质和技能入手,对其进行全面的考察。在选聘完成后还需要对其进行岗前培训,并定期进行工作表现的考察,从根本上提高施工人员的素质。此外,负责建筑项目的部门之间也要做好相互的沟通和交流,并定期交流经验和成果。

除了上述提到的这些措施,在园林工程规划设计的过程中还要考虑日后的养护管理问题,根据可持续发展原则合理配置原则,为园林的养护工作打好基础。建筑企业也要设置专门的园林建筑养护管理部门和人员,在日常工作建设的过程中就做好园林的保护工作。在经济快速发展的今天,可持续发展战略是有效协调经济发展与资源环境矛盾的方法,能在整上提高我国园林工程建设的质量和效果。

第三章 园林工程施工方法

第一节 园林工程施工中常见的技术方法

一、工程概况

某园林景观绿化工程项目主要包括绿化工程、装饰及小品等，施工时不仅要满足建筑工程的技术要求，还应注重景观的视觉美感，保证在不对其使用功能造成影响的情况下积极营造良好的环境，使整个项目的建筑档次与品位更上一层楼。

二、园林施工技术

（1）土方工程技术在进行土方开挖与平整之前，要清理干净施工范围内的地上、地下障碍物与杂物。安排人员负责机械施工不能作业的区域，对边坡坡度进行修整。同时，要严格按照堆方、挖方工程量选择合适的施工机械，同时保存树木进行防护，使施工机械的最高效用充分发挥出来。在进行土方开挖、推土的过程中，应严格避免道路、物体、管线等出现变形、下沉问题。如有必要，应和建设单位或者设计单位积极协商，采取防护手段，在施工过程中实施移位观测或者沉降。在填土之前，要精心处理并清除基底表层内的垃圾、树根等杂物或者基土上的洞穴。然后，对回填土料的粒径、种别进行检验，看其是否与规定符合，并检验土料的含水量是否被管控在范畴内。假如含水量过高，使用翻松土壤、阳光暴晒或者掺入特定比例的干燥土壤等措施降低含水量；假如含水量过低，用水湿润土壤，保证回填土壤的含水量。填土过程当中要均匀分散，每层土壤的厚度要综合考虑土质、密度等因素，不过，在最大厚度不得大于60厘米，使用机械进行碾压时，要严格控制行驶的速度。综合考虑以后，本次施工将使用碾压机械进行分层碾压，每层土壤的厚度均不超过60厘米，填土工作完成以后，要及时拉线找平，如果超出规定高度，要按照标准线铲除；如果低于规定高度，要填土夯实。在基底施工过程中，要严格按照设计图纸或者相关规范操作，在回填土壤过程中要分层夯实，随机抽取样本进行质量密度测定，合格率必须大于90%，如果出现不合格时，质量密度的最小值与标准值之间差值必须小于0.08g/cm3，并且要分散分布，随机取样要按照相关规定进行。

（2）种植施工技术严控苗木的质量。要挑选外形优美、枝繁叶茂的植株，然后使用修剪法，将树冠上的衰老枝、内膛枝、重叠枝等修剪掉，确保移植以后能够良好的生长。针对主枝进行适当的裁剪，不仅仅能够确保其移植以后顺利成活，也能够确保其成长以后外形优美；去除部分枝条与叶片，降低水分的蒸发量，避免蒸腾作用的影响，而且嫩枝与果实要全部剪掉。与此同时，要将10厘米左右的浮土全部去除，沿切根环状沟外侧包扎，如果周边土壤较为干燥，挖掘时要尽可能挑选阴天但是没有雨水的天气，防止大风天气。修剪过程中不得影响到植物的光合作用，确保其茁壮成长。铲除土壤时要预先将其湿润，防止土球过于松散，聚不成团。移植成功以后，要使用草绳等对主干进行捆绑，确保间隙一致均匀，高度为第一分叉为准，所有植株在捆绑时要确定相同的标准高度，避免破坏视觉美观。移植成功以后要洒水浇灌，不过不得过度浇水，另外要对枝条与叶片进行洒水，前几次要严格控制水量与流速，防止损失植物。洒水过程中，也要照顾到树干与草绳等，防止其过于干燥，影响植物的成长与发育。

（3）苗木花草种植和养护技术掌握施工场所周边环境，熟知相关部门针对地面物体做出的特殊规定与要求，尤其要掌握地下电缆、管道等铺设情况与路线，防止造成不必要的损失。植物的习性不相同，导致其移植时操作方法也存在差异性，比如：定位放线法主要用于移植灌木与乔木等。进行开挖土壤时，前几天均要灌溉，保证苗木周边土壤松散，确保苗木携带足够的原土壤，防止伤害到根系。为了更好地控制植物的蒸腾作用，提高移植的生存率，将苗木挖掘出来以后，运输前要修剪，按照其生长习性保留特定的枝干。进行修剪时要综合考虑植物的种类，不同植物有不同的修剪要求，正常情况下，灌木与针叶植物不需要大量的修剪，只要将枯枝与病枝去掉就可以。如果是枝繁叶茂的落叶性乔木，特别是生长非常旺盛的植物（杨树、柳树等）要尽可能修剪，整个树冠要剪去一半以上。移植乔木时，回填土壤以后要对其固定，避免大风将其刮到。固定以后要在一天之内进行浇水，并且水量要足，保证所有的土壤均湿润，将植物根系与土壤充分接触，方便扎根生长。移植草坪时比较特殊，当建筑物施工完毕以后，其土质与地势均已固定。所以，为了提高草坪的生存率，铺设之前就要预先处理土地，比如：土壤的改良、浇灌系统的建设等。移植成功以后，只要精心呵护1-4周就可以得到理想的草坪。

三、园林绿化施工技术管理措施

园林绿化工程实际上能够划分为多个分项工程，要想保证绿化工程达到预期的质量，就要严格控制所有的施工过程，确保所有环节都能够达标，所有工序均按标准实施。由此可知，要积极控制各个工序的质量，不管是原材料的准备，还是后期施工方案的实施，均要严格遵守特定的标准与规范，积极优化工程质量。当绿化施工竣工以后，要进行质量检验，确保所有工序与环节达到相关标准，随后开始工程质量等级评估工作，给出本次施工的综合客观评价。与此同时，客观正确地评价分项工程的质量，能够确保其最终评定结果具有可靠性与真实性。所以，在评定分项工程过程中，要按特定的标准与规范实施，严格按照标准进行检查与验收，防止出现偏差与错误。

总之，园林绿化工程的施工管理就是一门实践性强的科学技术，在施工中，不仅要根据科学的方法施工，还要通过科学的方法解决技术难题，本节通过对园林施工管理中所遇到的技术难点，分析技术难题的解决和技术管理的内涵，为提高园林绿化施工质量做参考。

第二节　园林喷灌工程的施工方法

随着社会经济的迅速发展，人民的生活水平越来越高。同样地，人们对于自己所生存的环境的要求也越来越高，园林艺术因此而发展起来。园林是一项工艺技术，它可以绿化我们生存的环境。在日常的生活中，我们周围最为常见的园林艺术就是园林工人在修剪树木，美化环境。修剪技术只是园林艺术其中的一种，它可以使我们生存的环境看起来更加美观和整洁，它对于社会主义的建设是非常有必要的。要对所种植物进行修剪，前提是有健康绿色的植物，这需要园林艺术当中的灌溉技术。

园林灌溉技术中最主要的灌溉技术就是喷灌技术，但是，在我国这项技术并不是非常的成熟，这是因为这项技术上存在的一些问题到现在还没有得到解决。我国现在所拥有的园林喷灌技术一般有三种形式，分别为固定式、移动式和半固定式。要完成园林喷灌技术就必须要许多设备组合完成。这些设备包括操纵设备、加压设备、过滤设备、管道和喷头等多种设备的配合。由于我国实施这项技术的时间比其他国家晚，所以这项技术在我国的应用的质量标准的要求和专业规范上都是不成熟的。再加上我们对于喷灌技术一些专业性的操作缺少实战经验，所以，在现实的实施过程中，对于出现的问题都不能找到有效可靠的解决办法。下文我们就园林喷灌技术实施进行研究。

一、施工前准备

每一项工程在实施前都需要做一些准备，当然园林喷灌技术也需要做一些实施工作前的准备。对于要灌溉的园林我们需要它有一定的标高以便于满足冬季泄水，为了达到这一要求我们需要实现模拟建造绿地现场地坪使得它的标高可以达到我们所需要设计的标高。在施工的过程中我们需要用到很多的管线，这些管线对喷灌技术的实施来说是必不可少的一项设备，而且管线在施工工程中是最容易遭到破坏的，所以施工人员要清楚掌握埋在下面一厘米的地下管线的分布情况以至于可以避免其他重要的管线遭到破坏。还有就是喷灌技术最不能缺少的水资源和电能，电和水是这项技术不能缺少的两样东西，在喷灌技术实施的时候我们需要对水的质量、压力和水量都一一做出评估，并进行设计来满足这些要求，可以为喷灌技术的实施提供一个好的开始。对于喷灌现场的准备固然重要，但是喷灌技术的准备也是必不可少的，尤其是在我国这个这项技术不是非常成熟的国家，需要对这项技术做出充分而又详细的准备。我们需要做的是设计图纸的审核，施工现场的不断复核和技术交底施工图纸的不断检查。我们还应该检查这三样东西是否与其他园林的喷灌技术设计存在一定的矛盾和冲突，是否与我国的一些相关规定相违背。之所以做这些检查就是为了避免施工人员在工作的过程中能够进行有效的劳动，尽可能缩短劳动时间，提高劳动效率。做完这些工作后，我们还需要对要施工的现场的土壤、施工场地的大小进行测量，对场地的周围的情况应该进行反复的检查，将这些检查到的结果与事先设计好的图纸进行复查以保证实践和理论的有效结合。最后，要对喷头的性能，喷灌技术的系统要点再一次进行确认，并向总工程师进行交底工作，这样可以保证喷灌技术进行时的稳定性。

二、施工时的准备

（一）喷灌技术的施工放样

在施工人员施工的过程中通常都会用钢尺、皮尺和经纬仪等工具来进行施工工地的放样。园林绿化的场所大多数都是一些大城市，因此施工人员施工场地的周围通常是有建筑物、植物和道路的。施工现场的边界都是由这三者的结合而划分出来的。但是当这些标志性的东西并不存在于要施工的周围的话，我们就需要用前面所提到的放样工具来进行划分需要施工的界面。在测量施工场地大小的时候，如果这个场地是矩形的，我们就可以只用尺和测绳进行简单的放样测量，但是如果施工场地不是矩形的话，我们不可能就这么简单便可以进行施工场地的放样。这时我们就应该选择经纬仪这种工具在边界进行放样，再加上平板仪进行放样，这样放样出来的施工场地边界的方向就不会与图纸原先设计的方向偏的太远，这样可以避免它施工时的反复。灌溉区域的界面不管是在图纸上还是在现实的规划过程中都是封闭性的曲线或者时折线，通常施工时的放样是在这些闭合的曲线和折线的特定区域内按照点、线和面的顺序来进行的。再者，喷灌技术的喷头设备也是需要放样的，喷头放样可以确保喷灌进行的全面性。喷头放样的一般步骤是：首先应该确定的是施工场地区域拐角喷头的具体位置，然后再确定施工场地其他区域的喷头位置，在确定这些喷头位置的时候应该和原先设计好的图纸上的喷头位置是一致的，而且实际确定的喷头数量和设计好的喷头数量也是一样多的，最后保证喷头的放置的线密度和面密度适合并且正确也是非常重要的，要确定这些喷头的放置是等线密度和等面密度的。

（二）喷灌技术的挖沟槽工程

挖沟槽这项工程的实施多是借助人工劳动完成的。再者要实施挖沟槽这项工程是有一定的前提的，这个前提就是前面所提到的场地放样工程，在保证这个工程完成并且反复检查无误后才可以进行下一步工程，也就是挖沟槽工程。一般地，进行绿化的场地的地质都是比较复杂的，如果贸然的用机械设备对此场地进行开挖，就会很容易造成对地下隐藏设施的破坏，这种结果明显违反了当初设计的规划。为了避免新开挖的土出现回填现象，施工人员一般将新开挖的土堆放在下风口。另外对于挖沟槽的宽度也是有一定的要求的。土质的情况可以决定挖沟槽断面的形状应该是矩形还是梯形，而挖沟槽的宽度一般是由下槽床的宽度来决定的，宽度越小土质工程量也就会随之减少。挖沟槽的深度一般为沟槽外径和与土层弧之和。接下来就是土层的坡度，合适的图层坡度可以帮助我们有利防止水资源冻结的问题，在上文我们就已经知道了之所以要设计挖沟槽的坡度就是要满足冬季泄水情况。坡度的地面的管槽面应该是平整、密实度均匀，而且地是压平的，沟槽的坡度一般都设计在百分之零点二左右，而且坡向是指向管线的泄水点的。

（三）安装管道和填埋

管道的安装是喷灌技术中一项比较重要的中号项目实施工程，它的安装顺序一般是先安装干管，再安装直管，最后就是安装立管。在喷灌技术的喷灌系统中使用最为普遍的管道材料是 PVC 管线材料，但是这种材料有一个致命的缺点就是它的长度在运用的过程中往往是不够的，所以在施工的过程中通常都是通过现场的连接来弥补这一缺陷，我们通常所采用的连接方式一般都是弹性密封圈连接、胶水连接和法兰连接三种。在安装管道的时候，首先要做好水压和泄水试验，以此来测量这个实验坡度是否满足我们所要求的冬季泄水条件和是否可以进行下一步的填埋。进行填埋工作时，一般都会在管道上约一百毫米的范围内进行填埋，所以，为了保护管道的安全，填埋时不可以采取机械填埋，而且填埋的时候也不可以有沙砾，最好是用进行筛选过的土来完成填埋工作。在完成填埋工作后，应该对刚刚填埋过的地方进行水夯，以确保施工场地在进行喷灌时不会出现塌陷现象。

随着人们对环境的要求越来越高，对于我们所生存的地方进行绿化是社会主义建设的要求之一。喷灌技术的进一步成熟，可以帮助我们更加有利和高效绿化我们的绿地。上文就对我国喷灌技术的施工方法进行了详细的研究，这可以帮助提高绿地绿化的质量。

第三节　城市园林绿化工程环保施工方法

近年来，园林绿化工程项目逐渐在各城市中得以大量建设，为城市绿化系统的完善及生态环境的改善做出了重大贡献。但是在工程建设过程中，也暴露出了施工方法技术不够环保，从而导致园林绿化工程难以充分发挥其作用的问题。因此，以更加环保的方法与技术进行园林绿化工程施工就很有必要。本节简单分析城市园林绿化工程施工中存在的问题，并就相应的环保施工方法技术展开探讨。

随着城市化发展进程的不断推进以及城市居民对生活环境的要求不断提升，园林绿化工程逐渐成为城市建设的重要工程项目，对全面改善城市生态环境及市容市貌有着难以取替的重要作用。然而，由于施工方法技术不够绿色环保，导致园林绿化工程难以充分发挥其作用，对文明城市建设的进程有着一定的阻碍，必须要对此加以完善。

一、城市园林绿化工程施工中存在的问题

随着城市园林绿化工程项目的增多，施工经验也在不断得以累积，相应的施工质量及效率也都得到了一定保障。然而，其施工依旧存在一些不容忽视的问题，如不严格按照规划进行施工、违规操作等。而施工方法及技术不够环保，则是其中最大的问题。这是因为园林绿化工程的规划建设目的之一就是促进城市生态环保工作的展开与落实，而施工方法及技术不够环保，则从根本上与工程规划建设目的相悖。如此一来，园林绿化工程对城市生态环境的改善效果将大打折扣，这严重影响了文明城市的建设进程，难以满足城市居民对城市生态环境的要求。

二、城市园林绿化工程环保施工方法技术

（一）施工前期加强环保设计

要想保障城市园林绿化工程的施工足够环保，一定需要落实施工方案设计规划工作，从各个角度探索环保施工方法技术在实际施工过程中的合理应用。实际上，许多绿化工程建设不够绿色环保的原因就在于施工前期的规划不足，没有综合性地对施工细节进行研究，从而导致很多问题出现，譬如施工重心放在人工造景上，不经意间忽略自然环境保护；又譬如强调大面积草地种植，但却忽略了树木对环保的调控；又譬如施工规划时没有考虑先进的、环保的技术材料，很大程度上忽略了对生态系统的破坏等。因此要想在园林绿化工程施工中合理应用环保的施工方法及技术，必须要做好前期的规划设计工作，确保各种环保的施工技术能够得以合理应用。

（二）应用环保新技术材料

在施工过程中，合理利用环保新技术和材料是促进施工环保化的关键。当前的园林工程往往具有夜间点饰城市的作用，这将消耗大量的电能。而利用太阳能的话，在园林中的亭子、假山顶等位置安装硅队太阳能，可以充分利用日间吸收的光为夜间照明提供能源。再加上声控技术在园林中部分灯具及喷泉处的合理应用，更能进一步减少不必要的能源消耗。除了从能源消耗方面保障施工的绿色环保外，从施工材料破坏生态环境这一方面也能应用相应的技术与材料。以防水材料为例，普通防水材料不但防水性能较差，同时也会对环境造成一定影响及破坏。而在施工过程中应用添加了防水砼、彩色聚氯乙烯等物质的防水材料，不但能够有效提高材料自身的耐低温及抗老化性能，而且能更好地美化园林工程环境。同时其自身对环境的影响也将更小，从而进一步减小防水材料对生态环境的破坏。另外，园林绿化工程施工需要利用化学药物对土壤进行处理，很容易出现残留物对植物生长造成不利影响的情况。因此在实际施工中，需要使用更加环保的药物来施肥、灭虫及除杂草，同时做好相应的残渣、残液清理工作。

（三）土壤的有效处理

植物赖以生存的基础就是土壤，植物的生长对土壤也有一定的要求，土壤土质的好坏直接影响到之后植物的生长情况。先对土壤取样，用仪器测试土壤的酸碱度、孔隙率、透水性、含水率和持水性等方面的情况，再根据测试结果采取相应的措施处理。此时要注意，土壤的客土质量、翻挖深度、基肥的腐熟程度、地形的平整度和施工人员的数量都有一定的要求。在改造施工过程中，注意不能对土壤产生破坏，有重型机械时注意不能对现场的土壤进行碾压，还要防止土壤固结、松软等现象的发生。当土壤土质不适合植物生长时应对土壤进行改良，改良的深度一般在 80cm ~ 100cm 之间。

（四）合理应用土方工程技术

在园林绿化工程的土方工程施工中，同样可以应用相应的环保施工方法技术。就拿城市热岛效应来说，由于城市大量的人工发热、建筑物和道路等高蓄热体及绿地减少等原因，城市的温度往往非常高，从而导致大气环境变得十分恶劣，会对人体造成诸多负面影响，同时也会对城市生态环境造成破坏。而在园林绿化工程施工中使用透水砖来铺地，能够大幅提升其透水性与保水性。那么在晴天时，砖下的水分就会蒸发，从而有效改善空气湿度状况，促使温度降低，进而减少乃至消除热岛效应，充分能够保障生态环境的和谐稳定。

（五）优化移植技术

毫无疑问，各种植物的移植是城市园林绿化工程施工的重头戏，稍有不慎就很容易出现移植存活率低、对自然生态环境破坏严重的情况。为了避免这些问题，在实际施工时必须要充分优化移植技术，使其更加高效与环保。通常在移植时需要整地，这一过程就很容易破坏原有的土壤生态系统。所以为了提高施工过程的环保性，通常需要对挖土翻地的深度等进行严格要求，防止挖土过深而打破土壤生态系统的原有平衡。随后，为了提高土壤肥力以及防止地下害虫，需要选择对环境危害小的肥料，并严格控制施肥量，避免施肥对环境造成难以恢复的破坏。

（六）完善园林绿化工程竣工验收资料的整理

完善园林绿化工程竣工验收资料的整理是园林绿化工程质量管理与控制不可缺少的部分。竣工验收是施工阶段的最后环节，也是保证合同，提高质量水平的最后一道关口，通过竣工验收，全面综合考察工程质量，保证竣工项目符合设计标准、规范等规定的质量标准要求，因此，竣工验收必须有完整的工程技术资料和经签署的工程保修书。对绿化工程竣工验收资料档案的整理，既能总结园林绿化工程建设过程、施工过程和养护过程，又能为建设单位提供完整的变更、竣工资料，提供后期使用、维修的根据。项目经理部必须重视完善园林绿化工程竣工资料的整理工作，确保工程圆满结束，质量合格。

近年来，城市园林绿化工程施工不够绿色环保的问题逐渐受到重视。城市园林绿化作为改善城市生活质量、美化市容市貌的一种重要手段，通过充分利用园林绿化植物，以及科学、合理的艺术手段，模拟自然生态系统，构建层次多元、结构复杂、生态多样、功能最优的绿地生态系统。良好的城市园林绿化应以优良园林植物的选择、培育、栽培及养护为基础，从群落构建、绿地规划设计、植物造景、植物配置等环节进行科学的设计，使园林绿地能真正发挥改善人类与环境关系的作用。应用环保施工方法与技术加以改善，是当前解决这一问题的主要研究方向，通过加强环保施工设计、应用环保技术材料、改善土方工程施工技术、优化移植技术等，都能促进园林绿化工程施工的环保化发展。

第四节　风景园林工程设计要点与施工方法

随着我国城市的建设逐渐完善以及人们对居住条件要求的逐步提升，在城市建设中为了提升人们的居住体验和城市的绿化质量，城市建设者开始进行风景园林工程的建设。当前在建设中使用较多的园林建设项目包括绿色植物的栽培、假山以及水景的设计建设等。在风景园林工程的施工过程中，设计方案的完成质量以及合理使用施工方法对整个工程的进行质量有极大的影响。本节对风景园林工程的设计要点进行了分析，并就如何施工以及施工中的要点进行了介绍。

生活条件和收入的改善使得人们开始更加重视生活环境，同时，居民对于生活环境中园林景观的设计要求逐渐提升。设计且施工质量优秀的园林景观需要设计人员的设计创新和施工中的工艺使用合理，这要求施工和设计过程需要高质量的对接。在注重风景园林工程的设计质量的同时，采取高效的施工方法。提升施工效率和收益，对于城市基础建设以及人们生活质量的提升有极大的作用。

一、风景园林工程的设计要点

在当前城市的基础建设中，风景园林工程作为重要的组成部分受到了城市建设部门的重视。在当前的施工中，园林工程的建设内容包括绿植的栽培、假山水景的设计等几方面，下文对风景园林工程的设计注意事项进行了介绍。

（一）注意景观的融合性和衔接性

在当前的城市建设工作之中，由于经济发展和工业生产对于城市生态环境的破坏，城市设计人员需要对城市进行生态化设计。在生态化设计之中，最为重要的设计原则就是将设计内容与自然环境相结合，缩短设计内容与大自然的距离，真正实现城市环境与自然的和谐相处。因此，要改善当前在城市绿化设计之中的问题，需从城市的周边环境入手，利用自然条件来塑造有城市特色的园林设计。城市周边假如存在环城河流或是周边有山林，都可以借助周边环境设计为自然水体景观和绿色园林景观。在城市的绿化设计之中，要注意城市园林建设区和城市商业工业区之间的衔接，各个不同的城市区域之间设计人员要进行衔接处理，假如衔接处理不恰当，就会造成城市景观的不协调，影响城市的整体形象，设计人员要重视城市居住区、工业区、绿化区和商业区之间的形象衔接设计。

（二）注意整体设计和谐性和可靠性

在园林景观的设计和施工过程之中，水景和假山的搭配和设计是我国园林设计之中常用的艺术手段，在现代城市园林设计之中，水景和假山的结合依然是使用较多的一种设计手段，在实际的设计过程之中，施工人员需要根据周边的环境情况来对水景和假山进行设计，和周边景观的结合可以避免园林对周边环境的影响。设计人员会根据现场的实际环境，在施工中使用植物来降低施工噪声，并合理设计水管的管径和山石的材料。在水景和假山的设计施工中要根据周边的地形地势和建筑风格来确定水景和假山的形态，保证园林景观和周边环境和和谐，进一步提升园林的美观性。除了保证景观的美观之外，在设计之中提升景观的实用性和功能性也是很有必要的。设计人员可以在水景和假山周边添加娱乐和健身等功能，结合假山的形态以及水景的排布来设计多种娱乐和休闲设施，提升园林景观的实用性质。在结合使用性和美观性进行景观设计的同时，施工人员也需要保证景观工程的使用可靠性，水景和假山的设计要求多个设计专业的参与，给排水工程、土建施工工程、电力系统设计等多种技术人员都需要参与到园林景观的设计之中，保证景观的可靠性可以有效提升工程的建设质量。

（三）保证景观设计的实用性

在园区设施的使用上，设计人员要考虑到城市居民的不同使用习惯，考虑居民的实际生活习惯以及活动范围，根据活动范围和活动习惯来确定园区设施的高度，针对不同的居民活动习惯，实际的施工设计要符合实际要求，以保证正常安全使用。将人体工程学引入建筑设计中，人性化物理设计给予用户最大的便捷，从细节处出发，在细微之处，通过巧妙的设计来满足住户的居住要求，在细微之处体现设计者以住户的舒适度为建筑设计的根本目的。

二、风景园林工程的施工方法

（一）施工方法选择

风景园林施工过程作为一种对施工技术有较高要求的工程项目，在项目施工过程中所要使用的技术较为多样，例如在水景设计中，施工人员需要使用电路设计技术等，假如施工人员对技术没有太深的了解，就可能造成施工中的失误，进而引起安全事故。在工程施工中，选择施工方法时，需要保证施工工程的施工需求和施工手段具备统一性，即在施工中既可以保证工程的施工时间，又能保证工程的质量，同时，合理的施工技术选择还能降低工程的施工成本。在工程进行之前的设计阶段,施工管理人员应当进行市场调查,对工程可能的支出进行计算,并结合材料性质等对工程中可能出现的施工问题进行分析,制定详细的应对方案,将意外事故对工程进行的影响降到最低。

(二)风景园林工程的施工要点

1. 设计要保证符合当地条件

在园林设计过程中,设计人员往往需要引进绿色植物来提升设计的美观性,引进绿植可能对当地的生态系统造成一定的影响,因此,在实际设计规划的过程中,设计人员要在保证原先自然条件和生态系统的前提之下进行设计,保证原先环境中的生态平衡,引进物种时确保该物种不会对当地生态造成影响,保证环境的可持续发展。同时,在设计过程中也应当参考当地生物链的完整性,在设计中尽量形成一个完整的生物链,保证自然循环的进行,提升生态系统的稳定性。

2. 针对施工区域的自然条件来设计园林景观

在风景园林工程的施工过程中,设计人员应当结合施工区域的土壤以及水文地质条件来设计园林景观。在进行设计之前,施工人员应当对目标区域的土壤土层结构进行检测,在保证对该区域的土壤性质有充分了解的情况之下选择施工中使用的植物,保证植物的成活率。通常来说,假如施工区域的土质不适宜进行种植或是土壤中存在建筑废料等就会影响绿植的成活率,因此,施工人员在开始施工之前应当对施工区域土壤进行彻底的清除。

3. 保证园林铺装工程的完成质量

在风景园林工程的施工中,在进行绿植的铺装时,其地面一般选择地被植物以及灌木等作为覆盖材料,施工过程中,施工人员会按照前期的设计来进行地面铺装,保证最终的美观效果。要保证园林铺装工程的完成质量,施工人员需要在铺装材料以及铺装施工等几方面进行选择。在选择铺装材料时,施工人员需要同时保证其材料具备美观价值和实用性功能,保证美观的同时也可以配合其他设计要素来体现园林的完整性。同时,为了保证材料的使用寿命,材料应当尽量选择具备抗腐蚀性的材料,避免在铺设使用中由于地面的腐蚀作用而导致短期内的损坏。在铺装施工中,为了保证铺装质量,施工人员需要严格按照施工规范进行。

4. 施工之后的养护及管理

在完成园林区域的施工工作之后,施工人员还需要进行养护以及管理工作,这一部分工作的完成质量直接影响最终园林工程的完成效果,因此,施工人员需要重视这一部分的工作。在进行后期养护管理工作中,管理人员要注意其设计和养护能力保持一致。针对绿植部分,管理人员可以定期进行浇灌和病虫害的防护,以便与保证绿植的健康成活。同时,在管理中也要注意天气变化等问题对绿植林木的影响。要保证绿植部分可以到达设计中的美化效果,管理人员首先需要保证树木的成活率,因此,管理人员的管理工作对园林的整体完成质量是相当重要的。针对假山以及水景等施工部分，管理人员也需要定期对其结构进行检查和修复，确保其使用寿命。

风景园林设计是当前城市建设的重要组成部门，合理的设计和施工过程可以保证园林工程的使用寿命以及美观性，在注重美观设计的同时，设计人员也应当针对工程的实用性以及生态性进行关注，采取恰当的措施来保证整体工程施工不会影响城市的生态稳定性，建设高质量的风景园林项目，提升居民的生活质量。

第五节 园林景观工程中精细化的施工方法

园林景观精细化施工有助于让实际景观和设计图纸相契合的同时，保证施工质量，减少豆腐渣工程的出现。因此，建筑公司和有关部门应该加大对园林精细化施工的研究力度，用最少的成本换来最好的施工成果，大力研究我国的传统建筑，切实改善人们的居住环境。

一、我国园林景观工程的特点

园林建设和土建工程项目较为复杂，不仅涉及建设、建筑、设计等多个领域，而且园林建设工程还要兼顾实用性和艺术性。园林景观设计和土建工程也有很多相似性，例如施工材料等。因此我国园林景观工程主要有以下 3 个特点：

（一）复杂性

在园林环境施工过程中，要充分考虑到当地的文化环境、地理环境以及中国古建筑的特色美，同时要兼顾园林工程中材料的选用。这就要求相关工作人员要有扎实的专业知识，同时还要尽可能地去了解国内各地的园林景观设计，博采众长，最终形成自己的特色。另外，园林景观设计牵扯的范围内容较多，涉及的结算过程也较为复杂，结算难度不低，因此需要几个结算部门紧密配合才能做好结算工作。

（二）多样性

我国南北园林设计差异大，各个省份以及各个城市的自然环境、气候环境又各有不同。因此各地园林设计风格迥异，因此设计师在进行园林设计时，要深入了解当地的风土人情，并结合施工当地的土壤，居民生活条件等进行施工，让园林景观能够和城市环境深度融合。

（三）随意性

我国现代园林景观设计糅合了更多的因素，例如：中式园林、日式园林等，虽然园林景观大多数都是以植物、水、假山、亭台等为主要设计元素。但是搭配不同，选材不同，效果也就有很大的不同，如果要让园林景观自然和谐，精细施工不可或缺。

二、园林景观工程中精细化的施工方法

根据以上几个园林景观工程的特点，在施工过程中，要确保建设施工技术精细化，保障施工工程的基本质量的同时，最大化体现出其设计的美感。每道工序都要保证其质量，设计师要加大监督力度，及时挽救施工中存在的艺术感漏洞。精细施工要从事前、事中、事后三个维度开展工作，优化施工技术，完善各类工程的施工技术。

（一）工程建设施工前期的各项准备工作

园林景观施工前，要做好充足的准备工作。首先要加大对施工所在地的勘察，充分了解当地的气候条件、地理环境，确保施工人员的安全。设计人员在设计景观时，也要根据实际情况考虑施工材料。另外，精细施工对工程监理人员也有了更高的要求：首先，监管人员要掌握工程设计流程、掌握施工技术，更要遵循施工过程的规范化。除此之外，在施工前期需要准备好各项施工基础设备。

（二）完善园林植物工程施工技术

在园林景观设计中，可选择的植物种类特别多，所以在建造园林的过程中，要注意植物的选用，不仅要保证植物的色彩搭配、形态搭配、质量，也要考虑它在不同阶段的状态，施工人员也要了解设计的基本主旨。了解园林景观知识和园林施工技术，施工过程中保护好植物，遵循美学观点，这样才能通过植物展示出园林的活力，让园林体现出自己的特色。

（三）改进水景类工程建设技术

水在园林设计中的作用是让园林更有活力，没有水的园林会过于死板。因此，水景类工程对于城市园林景观建设工作是点睛之笔。常见的水景设计有人工湖、小潭、驳岸、喷泉等，在江南地区，园林中的水景十分有魅力，在施工过程中，要精细到一个湖的形状、大小、深浅，喷泉的水量大小，以及水景和周围建筑和植物要十分契合。

（四）改善道路工程建设技术

园林景观中实用性最强的即为园林道路，如果道路设计施工不好，既会影响设计艺术感，又会影响走路。改进道路类工程施工技术需要从以下 2 个方面着手：一是道路与其他景观的连通性，园林景观设计中的道路不仅提供交通的功能，还是观赏其他景色的观赏点，因此在施工过程中，要注意和主要景观之间的距离、角度。要尽量能把园林的整体美和局部美都淋漓尽致地展现出来。二是道路施工层次化，在不同的地方道路选材以及高度都要不一样，要让游客感觉舒适。

要更好地实现园林的艺术感与实用性、质量的结合，必须要采取园林景观精细化施工。精细化施工能提高施工效率、减少施工成本，也能更好地保证施工结果。

第六节 园林工程施工中树木栽植方法

在园林工程的发展建设过程之中，需要注重树木栽植的技术方法应用，保证树木成活率的基础之上，满足园林工程设计以及植树绿化任务要求。本节将针对这一问题进行相应的探究，通过细化施工细节、阐述技术应用重点的方式，提出可行的参考意见，以此推动园林工程建设的发展。

园林工程进行树木栽植的过程之中，普遍还存在着不足，不能够较好地降低树木损伤率，对于栽植环境的适应性较差，所以本节将以园林工程施工中树木栽植现状为着手点，针对其发展现状提出可行的改进意见，从而提出优化树木栽植方法的具体措施，希望能够在理论的层面上深化技术要点，实现技术应用落实。

一、明确树木栽植流程，细化栽植技术

园林树木在栽植的过程之中主要可以概括成3个步骤，分别是起挖、装运以及栽植：将要栽植的树木连根拔起的方式，然后进行起运，运送到栽植地点之后，再按照栽植的相关规范，将树体埋入到树穴之中，从而完成树木栽植。所以需要针对3个阶段的细节进行落实，以此明确树木栽植流程，从而细化栽植技术。

（一）选择合适的树木种类

事实上水土与树木种类之间有很紧密的联系，需要充分考虑气候条件以及土壤情况的基础之上，加强对于地下水位的勘察，从而选择合适的树种，因为植物的景观因为季节以及温度的变化而逐渐变化，所以园林树木在栽植的过程之中所选择的树种需要对环境有一定的要求与适应能力，即所选择的树种需要满足园林树木的生态学特性。比如橡胶树、杉木是能够适应气候温暖的环境、对于一些温度较低的环境则需要选择油松、落叶松这类的耐寒树种。

（二）在合适的时间内进行树木移栽

在园林工程进行过程之中，除了需要考虑到树木的移栽成活率以及树木质量，也需要综合考虑到后续的经济效益以及移栽之后的树木养护费用，所以需要在合适的时期内进行树木的移栽，以此最大程度上提升树木的成活质量以及成活率，从而降低后续的养护费用。因为树木移栽成活的关键在于水分的调节，树木如果能够加强自身水分平衡就能够成活，所以需要选择树木蒸腾量较小的、并且在根系损伤程度不大的时期。还需要综合树木发苗的时间来合理安排种植顺序，实现种植周期的缩短。

（三）选择合适的栽植类型

树木栽植分为多种类型，分别是定植方法、假植方法以及寄植方法，一般来说所选取的栽植类型是需要综合考虑园林设计需求以及树木自身的成长需求的，园林树木如果能

够满足土壤的生长生态环境条件，并且符合园林设计需要时就可以选择定植的方式，一次性种植成果；而如果为了促进生根，临时性进行树木保存的情况下，将树木进行他处栽植的方式叫作寄植；假植指的是保持树木根系的湿润性，并且用土壤进行临时性掩埋的方式，后2种都是施工之中常用的栽植手段，其根本意义是为了保障园林设计的合理性，增强其成活能力，是具有经济性和实用性的栽植手段。

二、加强对于树木成活原理的研究

树木在栽植的过程之中，需要加强对于其成活原理的研究，才能够有针对性提升其技术应用，实现植物的水分代谢平衡。事实上，树木栽植的过程之中，可以将树木分为3个部分的作用，分别是根系、茎枝以及叶片，根系与茎枝相连接，最大的作用就是来吸收土壤中的水分以及无机盐，并且也能够帮助树木进行呼吸在吸收的基础之上，向茎枝去传送水分与无机盐。而茎枝的主要作用就是将根系所吸收的营养物质进行传递、运输以及利用，再一次运输水分与无机盐到叶片部分，叶片也能够在光合作用下产生营养物质，利用蒸腾作用散失水分。

所以需要从根本上明确其成活原理，才能够根据其根本特征明确其成活因素，优化施工细节。根据其根部的水分吸收原理，在进行掘苗的过程之中，因为根系与土壤之间的密切关系被切断，所以需要注重对于根部的保护，避免水分循环的失衡，为了增强根系的水分吸收能力，在掘苗的过程之中应该扩大掘土范围，根系尽量保存完整的基础之上，在其上部进行湿润土壤的覆盖，避免树木脱水死亡。

以落叶树为例，如果是带土球的情况就需要加强保障，假植之后放于现场进行备用，而裸根则需要利用容器进行假植，还有常绿树在进行起苗时则需要利用筐和木箱进行培土，养护之后进行种植。这其中也可以采用喷雾系统等技术手段，实现对于树木的喷水与保湿。

在园林工程施工中，为了优化树木栽植质量，需要从栽植流程与栽植原理等2个方面进行探究，从而选择合适的树木种类、栽植时间、栽植方式，加强对于树木根系保护的方法，推动园林工程的有效建设，从而促进树木栽植工作的有序进行。

第七节　园林绿化工程中小区景观水池的施工方法

园林绿化工程在小区建设中占据了非常重要的地位，其中景观水池是园林景观中不可忽视的景象，因此园林施工人员应该重视景观水池的建设工作。本节阐述了景观水池的施工技术难点与相应的具体解决方式，以确保景观水池的施工质量。

一、电气施工及砌石类驳岸施工技术

在景观水池施工过程中会应用到电气施工技术，在进行景观水池施工前，需要专业的技术人员做好电压及安全性能的测试，为了提高景观水池施工的安全性应该选择耐热性强并且封闭性好的灯具，减缓灯具老化的速度，但是水下灯光照明会因为灯管的结构的不合理或者本身性能较差，导致景观水池灯光的照明效果不理想，为了解决这一问题，施工人员可以选用水下的 LED 灯，LED 灯具有颜色种类繁多、密封性强等优点，在保障景观水池灯光绚烂效果的同时，还能够延长灯管使用寿命，减少建造资源的浪费。

施工人员在面对砌石类驳岸的施工工程时，为了保障工程质量首先要明确景观水池施工设计图中的水位线，进而确定驳岸施工的具体位置，同时要结合实际的工程需要设定安全的距离防线，施工人员可以选择利用机械设备进行挖土或者人工挖土，在砌石的过程中要注意驳岸工程的平整度，为了起到良好的防水效果，需要施工人员选用防水性能好的材料对分割缝隙进行填充，进行砌石类驳岸工程压顶工作时要选择方整石，同时保持与水之间的距离为 6 ~ 7cm。

二、景观水池施工管道的施工要点

在大多数的景观水池施工过程中，施工人员通常会选用热镀锌钢管作为景观水池施工的管道，但是热镀锌钢管自身具有一定的缺点，例如在使用一段时间之后会出现管道表面生锈的现象，影响景观水池景观的质量。此外不锈钢管和铜管也被经常选用为施工管道，但是这两者的造价成本比较高，不具备大面积使用的特点，而 UPAC 的管道材质具有抗锈蚀的特点，但是本身的耐热性较差，在受到阳光直射时会加快 UPAC 管道的老化速度。为了保障景观水池园林的经济效益，因此技术人员要选择适合的管道材质进行景观水池施工建设，综合以上材质的优缺点，最经济适用的管材选择方法是将 UPAC 材质的管道应用于景观水池池低板下面，而露在外面受阳光直射的管道选择不锈钢或者铜的材质。

三、景观水池施工的水位控制问题及解决方式

在景观水池工程施工过程中对水位控制是非常重要的环节，在目前大多数的景观水池景观中使用的喷头多为射吸式的喷头，但是水位一旦发生轻微的变化就会使喷射的水位高度与水形发生变化，为了更加方便、准确地控制水面的高度，施工人员可以在景观水池景观中安装自动补水和溢流管等设备，在控制阀的选择上，可以选择独立的液压式水位控制阀，同时将溢流管安装在水池的排空阀前面，在排空阀的前面安装一个立管，施工人员通过控制立管的长度来进行对水位的有效控制。

四、景观水池池壁施工技术

景观水池墙饰面施工工程是景观水池工程中重要的组成部分，可以直观地提高景观水池景观的质量，在景观水池墙施工过程中，施工人员要注意以下几点：在进行规格板留缝时应该将缝隙宽度控制在 5 ~ 8mm，在解决规格板三角缝与规格板的密缝问题时，应

该将缝隙控制在1.5mm，同时保障每块规格板的四边处要预留出5~8mm的斜边距离。在应用直边乱形的铺装方式时，要将规格板的单边长度控制在10~30cm之间，规格板的条数要控制在5~7条左右。为了达到更好的景观水池墙装饰效果，可以采用自然边乱形的铺装方法，在处理转角时应该依照海棠角的方式处理，注意应该保障对接缝的连续性。此外应该根据具体的施工设计图来选择合适的施工材料，为了达到预期的景观水池墙施工效果，在选择材料时应该考虑材料的质量、规格、颜色、性能等方面是否符合施工要求。

五、花池饰面的施工技术

景观水池景观中的花池具有消除空旷、引导人们保持合适观赏距离、隔离车辆等作用，花池的施工质量也直接影响着景观水池景观的整体观赏质量，因此在施工过程中，施工人员应该结合花池周围的具体情况来选择规格板的材质与长度，并且要将规格板的密缝控制在1.5mm以内，在采用规格乱形的装修方式时，铺装缝应该保持在1.5mm之内，如果施工过程中需要预留缝隙的宽度，那么留缝的宽度应该在5~8mm。在水洗石花池的施工过程中，施工人员应该将石米的厚度控制在15~20mm，同时要做好压实石米的工作，保障石米铺设的平整、均匀，为了提高水洗石花池的美感，施工人员可以将石米表面清洗干净。当花池施工过程中涉及利用规格板三角缝时，施工人员应该将板之间的密缝控制在2mm之内，同时每块规格板的四边处应该预留3~5cm的斜边。

综上所述，景观水池对整个小区的园林绿化有着重要的影响，施工人员要不断提高专业技能水平，结合实际情况设计景观水池的施工方案，加强对景观水池的施工技术研究，在管道材质、水位控制、灯光照明、水池饰面等一些方面采取正确的施工方法，以提高景观水池的施工工程质量，进而充分发挥园林绿化的作用。

第四章 园林工程施工技术的基本理论

第一节 园林施工技术的难点

现代社会不断发展进步，人们能够获得的物质条件逐渐增多，同时对环境质量也有着高标准的要求。园林景观以及园林艺术水平受到社会各界的广泛关注，做好规划设计能够将地区的文化内涵展现出来，在提升绿化水平的同时还能获得良好的生态效益。目前在园林施工技术应用阶段还存在一些重点与难点，为确保园林工程整体质量达标，笔者将结合实践展开细致化的分析与论述。

现代产业不断发展进步，在了解公民对生活环境、生态质量等方面的相关要求之后，园林工程需要探索全新发展道路，将绿化施工质量不断提升。所以园林施工技术应用阶段，注重对实践问题的突破，将技术应用价值充分展现出来，注重施工建设的实效性、科学性，从而能够更好地满足产业可持续发展的需要，给公民提供更高品质的环境条件。

一、现阶段园林工程施工技术应用的难点所在

园林设计图纸与具体施工存在出入。在园林工程项目施工阶段，各项实践操作主要是通过施工图纸进行的，设计图纸起到全局把控的基本作用，会直接影响施工建设质量。但是在实践阶段，项目管理人员以及施工建设人员，未能对图纸进行深入分析研究，导致各个施工建设环节之间的衔接性不足，施工人员未能够将项目建设的重点与难点确立起来，显然不能将园林设计图纸要求顺利实现。如果在是施工建设阶段出现问题，员工彼此之间的沟通交流效率不足，常常是依靠实践经验进行判断，就很容易出现与设计图纸要求之间的偏差，最终导致项目建设不能按照计划进行。

园林施工人员专业素养明显不足。项目施工阶段，工作人员在作为实践主体人物，其专业素养对施工质量把控有核心影响作用，也就是说良好的施工建设团队，不仅仅是项目顺利完成的保障，同时也是侧面推进园林产业发展的关键。在施工阶段员工的技术水平、团队协调能力、责任心、积极性直接影响各个环节的细节操作。显然多数参与项目建设的专业人员，在技术水平以及专业素养方面都存在诸多的不足。很少有企业单位愿意耗费时间与精力，并加强对员工的培训指导。后续技术交接、岗位配合效果不佳，都是影响园林工程项目质量的主要原因。

后期对园林工程维护管理相应工作。项目建设结束之后，对项目工程进行验收处理，后续的养护管理也需要持续跟进，才能实现对项目质量的有效维护。但在该环节的

实践工作期间，相关部门以及企业单位的经济投入相对较多，在工作阶段难免会出现疏漏。而且园林工程项目本身就具备一定的复杂性，不同的植株管理以及养护标准差异性较大，如果未能将环境因素，控制到位，仍然会出现影响项目质量的情况。从现阶段的园林工程项目后期维护管理实践工作来看，在项目施工结束之后，养护措施方法以及技术、资金投入等方面的缺失，使得园林工程会存在一定的质量问题。园林项目自身的功能性价值作用未能充分展现，甚至会对当地的生态环境质量产生不良影响作用，需要企业单位在实践工作阶段高度重视。

二、提升园林工程项目质量的有效措施

施工建设之前的基础准备工作落实。在园林工程项目施工建设期间，施工质量是提升项目应用价值的基础条件，直接影响项目的功能性拓展需要。所以在对其进行质量控制阶段，需要将施工建设准备工作落实到位，施工建设任务分为两个主要部分。在项目建设之前，施工人员需要将项目建设的意图明确，并与设计部门进行交流，将其基本理念以及技术应用标准确立起来。通过对现场施工环境条件进行全面分析，对不满足项目建设要求的部分进行整改，或结合施工的技术应用可行性，调整施工方案以及施工图纸。在确定项目施工任务量以及设计标准要求之后，注重人员配置并核对细节性的工作要求，分岗位进行员工的调配，项目实践工作的方案也能顺利实现，提升各个阶段的资源条件或技术手段的应用效率。

在项目建设任务目标确立之后，将施工建设小组成立。一般情况之下项目施工人员配置具备一定的常规性。也需要设置管理人员以及对应的小组管理、基层施工人员等层级。技术人员、财务人员、设计人员所对应的岗位需要，信息传递期间人员的分工明确，则质量控制的难度就会逐渐降低，其可行性显著增强。

注重项目施工人员的专业素养引导。了解园林工程项目实际需求，由于涉及的专业知识以及学科领域诸多，需要大量的优质劳动力。在保障技术水平的基础上，才能实现对项目工程的完善性引导。首先从施工进度控制来看，相关部门应该做好人才的培育引导，将培训管理工作全面推进。人才培养是产业发展所不能忽视的基本工作，定期开展相关培训以及指导会议，使得施工人员以及管理人员有机会接触前沿性的知识，则技术水平提升，能够确保项目建设质量达成标准要求。其次员工应该具备良好的职业道德，在专业团队建设期间，每个人都需要认识到个人是项目建设的主体人物，各个阶段的工序配合以及项目质量把控，必然要围绕经济效益、社会效益等方面进行，结合当地的经济产业、旅游产业的需求，达成经济可持续发展的基本目标。

注重施工过程的全面性管控。在施工阶段做好对场地的清洁处理是基础性的工作内容，同时施工阶段还应该将场地的平整性提升。由于实践阶段对各类资源应用要求诸多，通过对排水沟合理设置，并做好地下管线的填埋处理，则施工现场的污水排放顺利完成，避免场地积水影响环境质量。园林施工阶段，保障土壤的质量是提升植株成活率的

基础。勘察之后施工期间复查，如果存在问题或成分缺失需要及时进行添加处理。如果园林工程在一个长期不用的场地进行，则需要对该场地消毒处理之后再进行应用，避免其中存在病菌。其次植株材料的种植配合以及质量方面的管控，材料制作作为项目工程的基础部分，是提升质量的有效措施。在材料应用阶段，需明确项目施工图纸的植株配置要求，经过对园林施工技术合理化应用，后期美化效果都能全面提升。在施工阶段要求第三方监理或企业自行成立监管部门也是十分必要的，对施工各个环节进行检测与监督，确保技术应用到位且材料质量达标。

强调园林工程的养护管理工作。园林工程养护与管理工作是施工结束之后的关键环节，对其生态效益发挥重要影响作用。所以企业单位应该将养护管理期间的注意事项确立起来，将重点养护区域工作落实到位。在实践阶段要明确园林工程的特殊性，对植株材料以及施工环境充分了解之后，采用针对性的管控处理方法，能够提升其整体质量。通常园林工程的灌木覆盖率相对较高，后期的养护工作需要有针对性的进行植株成活率的管理，针对不同季节的防寒保湿相关工作，定期进行浇灌与松土是基础，其次还需要在绿化区域之内，将设施应用的数量明确，滴灌、喷管装置的喷水量随环境变化及时进行调整。土壤管理也需要按照计划进行，施肥、检验等工作必不可少。为避免病虫害问题对整个园林工程的侵害，将预防管理以及应急管理目标确立，了解病虫害种类以及基本特点之后，从源头进行控制，避免植株健康生长受到威胁影响。

园林施工技术的有效应用，一方面能够将项目整体质量提升，另一方面还能展现其生态影响作用。尤其是在我国现代社会背景之下，环境质量、大气质量问题频发，严重威胁人们的生命健康。探索提升社会产业发展力的有效途径，将园林工程的施工水平逐步增强，能够起到生态保护的基本作用，遵循政府相关部门对绿色发展的基本目标。

第二节　园林施工技术要素

通过建设风景园林工程，通过打造景观环境、绿地构造及园林植物等来改善环境质量，为城市增添新的生机和活力，为城市居民提供良好的休闲、娱乐场所。本节分析了园林施工的技术要素，并进一步对园林施工过程中的注意事项进行了具体的阐述。

一、园林施工的技术要素

园林工程土方的施工技术要素。在园林工程土方施工过程中，由于场地平整，因此施工企业需要充分的考虑总体规划、施工技术、交通运输及场地排水等内容，并保证土方填挖环节的平衡性，减少运土量和重复挖运工作。在实际施工过程中当遇到不利于施工质量的土质时，则需要采取完全挖除或是通过布置排水沟、抛填块石及砂砾等来加以解决。同时还要在施工现场布置排水沟，以此来排除地面水，合理设置排水沟的纵向坡度，坡度较大的位置处，则要通过布置截水沟和排水沟来对雨水进行阻挡。具体施工过程中要严格按照相关规定来进行测量放线，并按照施工整体方案，在建设区域内合理布置测量控制线，在具体测量控制网布置过程中，需要远离一些关键点，在平整场地内要设置方格网，并对自然地形标高进行标注，将其作为挖土方、填土方和控制施工的重要依据。

园林工程水景的施工技术要素。园林工程驳岸具有防护作用，主要由基础、墙体和盖顶等结构组成，在驳岸施工过程中，需要确保其具有良好的坚固性和稳定性。在具体施工过程中，需要选择大块石料当成砌块，也可以通过对灰土层断面加宽，将其作为基础。在驳岸施工过程中，当遇到软地基情况时，则需要进行基础处理在具体施工过程中，基础材料多以条石、混凝土或是钢筋为主，墙体材料主要以浆砌条石、块石、防水砂锅浆及钢筋混凝土为主。盖顶材料为条石、山石、混凝土和植物。对于寒冷区域，驳岸背水面则需要采取相应的防冻胀措施。在边坡施工过程中，需要对坡面进行修整，并进行具体的护坡铺砌。在基坑挖掘时，需要在槽内布置基础，确保其埋设深度与设计规范要求相符。选择适宜的片石作为砌体材料，砌石护坡坡面要确保其平整性，在铺设完垫层后则要立即开展砌筑作业。在砌体施工时要分层进行砌筑，对于已完成的砌体，不允许施工材料在其进行抛掷、翻转和滚动。

植被种植时的技术要素。在种植植被过程中，主要采用的是定点和自然定点放线两种方法。在行道树种植时，对其位置具有较高的要求，植被株行距要保持相同，根据设计断面进行定点。根据设计方案来进行自然定点放线，确保其维护在自然形态，实际范围可以利用灰白线进行标注。在植被种植之前，需要根据土质或树木根系来挖掘穴或是槽，合理对树穴直径和深度进行确定。对于种植区域土质较差的情况，可以通过添加客土或是施肥的方法来改善种植土质。

二、园林施工过程中的注意事项

施工中应注意的苗木栽植时间。由于苗木成活率直接关系到园林绿化的质量。园林工程建设与其他工程项目不同，施工时需要对具有生命苗木进行栽植，而且不同的苗木都具有自身的生长规律。因此在栽植苗木时，需要针对每个品种的特点，选择适宜的季节和时间进行栽种。通过掌握正确的栽植时间，可以有效地提高苗木的成活率，以此来保证园林工程的建设质量。

做好植被的存放工作。在植被运出之前，需要由园艺人员根据具体的起苗、调运等技术要求来对植物挖出、包扎和打捆。植物根系需要保持良好的潮湿度，做好防冻和防热措施。针对各种规格植物的数量进行标明。运到工地的植物，当一天之内无法栽完时，则宜在阴凉潮湿处进行存放，或是暂时进行假种。

注意的园林绿化材料质量。园林绿化工程质量与施工中材料的质量息息相关，因此要具体施工过程中，需要把控好苗木的质量，确保绿化材料质量都能够达到规定的标准要求，这样才能确保园林工程的整体质量。

做好土壤的处理及后期养护工作。由于植物生长情况直接与土壤质量水平相关，因此需要科学对土壤进行检验，确保土壤中具有能够保证植物生长所需的营养成分，同时还要做好消毒、施肥等措施。在具体土壤处理过程中，需要控制好土坡翻挖深度，保证客土质量，控制好基肥的腐熟度及施入量，同时地形平整度也要与相关要求相符。在园林工程施工完成后，后期的养护和管理工作是确保园林绿化成果的关键所在。因此需要经常性地进行除草和杀虫，针对园林植物花卉进行适当的修剪、养护，确保其成活率。

近年来在城市基础建设项目中，园林建设项目较多，在具体园林施工过程中，需要重视施工的成果，控制好施工质量。针对施工过程中具体的技术要素进行有效掌握，严格把控施工各个环节，确保整体工程的施工质量，从而使园林建设能够达到预期的效果。

第三节 现代园林施工技术思考

园林工程是一个复杂的系统工程，要做好施工需要有创造性艺术、细腻的思维、生动的灵性。本节根据在多年施工工程中的感受，根据自身体会，对现代园林工程的特点、施工内容做了总结，并对树木栽培实际施工过程中一些事项进行了归纳，供从事该领域的人今后进行参考。

园林工程是一个系统化工程，具有按图纸实现集功能、艺术于一体的创造性施工特点。它不像建筑只要按照图纸上的要求进行即可。园林施工需要工作者高尚的内在鉴美能力和活跃的想象力，是一种创造性的施工。但是理论付诸行动总是有一定的差距，尤其是早期园林施工就是要看工作量，按图纸要求把数量做完即可，人们没有更多的让园林体现出它的使命。但是现代园林完全不是一个量的过程，它涉及众多方面，众多注意细节。现代园林施工后景观园林体现出的自然美、布局美、和谐美、形式美、意境美等艺术效果与功能的完美结合时时刻刻受到人民的赏阅，成为人民生活茶余饭后的热聊话题。因此，现代园林的施工工艺要更加细腻，更加周全，更能体现设计的内涵。

一、园林施工划分

园林工程的施工是一项技术和艺术的组合体，是农业、花卉、规划、设计、林业、建筑、装饰等多个学科的组合工程。从工程学角度讲，可以划分成土方工程、园路工程、水景工程、假山工程、排水工程、绿化工程、电照工程。土方主要负责景观园林土方用地的计算平整、施工排水、挖土装运、填方平整；土方工程主要开展土方设计施工计算与平整、施工排水、挖方与土方的装饰美化、填土工程；园路工程主要作设计中的园林道路铺设、施工及周围广场施工；水景施工从事水系统方面的设计施工，驳岸施工护坡施工、水池等储水施工、瀑布喷泉施工；假山工程从事假山设计的置石造景工程，假山材料、假山结构最后进行假山施工；排水工程从事土方的给排水及下管施工，给水管敷设、喷灌工程；绿化工程从事树木栽植、草坪植被、绿化养护工作，电照工程是现代新元素，主要从事灯景设计、电力铺设、灯景布置等。从施工工艺角度来划分挖方、平场、回填土方整治地形、硬景放线、开挖基础、构筑物施工、软景大树放线栽植、硬景基础、混凝土垫层、铺装景石、小品施工、灌木完成、草坪完成、音乐灯景完成、清场等。不管是如何进行划分，现代园林施工中围绕的基本要素为人、苗木、机械。不管园林规模多大、位置在哪、目的是什么，总离不开这三要素。

二、种植土回填

在回填之前一定要熟悉设计图纸，对于每个品种多少棵，种植何处，面积多大，土方多少，工程量多少，施工量多少要心中有数，不能埋头胡干。是否需要回填还是只要清场即可，从哪里开始施工，车辆如何进出等都要提前考虑清楚。回填一定要测量标高，不管是否涉及到审计量。施工会带来扬尘，现在的人民都很情绪化，所以要考虑湿润地面，进出场地进行清洗。观看种植土是否合适，要是下过雨之后进行施工，要防止车辆陷车。要根据场地大小合理安排车辆，不能过于忙碌也不能闲在那没事干。场地大的地方，要考虑联合作业，用推土机、挖掘机协同工作。土方的量要计算准确，避免来回运转，浪费人力物力。若在回填过程中遇到淤泥质土或是垃圾土绝不能接收，一定要换掉。若是土质过湿，就要采取深挖暴晒，尽可能地把土整得松散，不然深埋在植物上，根系容易腐烂，苗木花草成活率很低。回填完毕进行平整时操作者要按图形要求进行，技术不高要借助标高设备进行，不能用眼睛大概目测。现场尽可能人机联合施工，司机在车上很难把握地形的。不需要回填土的要认真进行清标清杂，需要就地掩埋还是转移外运要根据具体情况具体决定。

三、精整栽培场地准备

现代人民的审美观随着物质生活水平的提升得到了很大的提高，场地整理要按图纸要求认真进行。进行直栽的可以直接种植。苗木栽培的要合理安排吊车及挖掘机的位置，尽量减少二次碾压，人工精整也要放在栽培完之后进行。整完之后的放线，尽量用 GPS 放线，确定基准点后插入小旗子，做好不同苗子的标记，间距用打结绳子来标记，不易破坏和产生误差。准确把握行道树，尽量减少误差，最好不要超过 5cm。放线后，挖掘机进行树穴挖掘肯定会出现一定的误差，在栽培过程中要扶正，扶正后存在的误差要对树穴重新调整。树穴可以使机械挖，也可以使用人工。具体根据树穴大小，一般大于 40cm 的用机械，低于的用人工。树穴的深浅是一个技术活，不同的土壤，不同季节都是不一样的，深挖浅栽是每个搞园艺的人都熟悉的，但是实际操作起来往往并不好把握。对于黏性大、易泡水、排水性差的，要深挖，最好添加一点碎干土，可以适当中和一下。若是梅雨季节，树穴容易积水，要浅一点，但是温度高时要注意抗旱，尽量不要在不合适的季节种树。需要土壤改良的要备好材料，看清图纸要求，没有改良要求的，可以直接进入下一步栽培操作。

四、树木栽培

一般是先栽乔木，再种植其他景物。乔木的树穴要做好土壤改良，合理分配用材料，避免二次转让。乔木苗为防止损坏，一般都用草绳子缠绕保护，不宜直观查看，所以要仔细检查健康情况，树木大小指标。比如胸径、地径是否符合设计要求。不要等栽植完了再去检查，造成很多破坏和浪费。树木大小不同，对应各个工序都不一样。树苗要保证成活：①健康；②合理地转移包裹。一些不对根系培土包裹的苗木基本不会成活，一定要及时退换。苗木运到现场放在哪里，哪里比较近，哪里方便修剪、搬运省力等要提前踩点观察。不能树穴挖好了，树苗密密麻麻地放着，让人无法开展作业。在场地转运树苗的过程中，在保证不造成破坏的情况下，能多则多，尽量减少移动次数及碾压次数。在春天季节栽植乔木，乔木的含水性较大，挖掘机吊运会出现勒伤的情况，要注意观察，防止对乔木的破坏。修剪对苗木的成活率影响很大，要严格按照图纸，不能随意修剪，尽量保持美观造型，可以用绳子围起来，基本保持统一修剪高度，漏掉的要进行倒下修剪。移入树穴后最好将草绳除去，避免埋置后对根系造成伤害。培土过程尽量避免机械化，最好人工化。

五、灌木处理

树木栽植过程中，要考虑有效的灌溉，适当埋置 PVC 管，不管图纸有没有要求都要埋置，埋 PVC 管道的作用是检查积水，检查积水很重要，不能忽视，要高低都考虑到，防止土壤结块、积水，保护树木的根系不腐烂。PVC 另外一个作用就是灌溉，在夏天插在管口就可以浇到根系。PVC 管打孔一定要大一些，太小仍然容易积水。培土灌溉后一定要固定。防止受力产生歪斜。定根水一定要及时、充足，浇到位置。要用管子伸到根部进

行浇灌，左右均匀，以水溢出表面为止，同时要进行跟配土，把浇出的孔隙进行填土压实。最好是在加完定根水后固定，固定时最好都朝向一个方向。树木栽培完了，并不是工程结束了，还要注意定期检查是否积水，有积水要及时进行排水，不要嫌麻烦，否则会大大降低成活率。

园林施工都是跟花草树木泥土打交道，人们习惯性地认为只要下过地就能干，现实中二者是有很大差别的，种庄稼追求的是产量，园林追求的是美观。园林工作看起来简单，实则有很多理论指导。尤其是在现代园林景观被人民逐渐重视的情况下，要建设一个美好的城市，园林施工更要有科学、规范的技术指导，更要有实际经验保驾护航，才能让自己的施工打造出一个具有自然性、创造性、艺术性的完美绿化空间。

第四节 生态园林施工技术

生态园林的建设是伴随现代城市的高速发展，人们远离大自然后，渴望返璞归真，追求自然生活环境而应运而生的一个新兴园林绿化风格。生态园林所重视的是尽量保护

原有生态环境，强调植物的多样性，因地制宜地创造整体的景观效果，在城市整体规划和城市生态建设中，占有十分重要的地位和作用。而科学合理的工程施工是保障生态园林整体效果实现的途径。

一、生态风景园林施工的作用

逐步完善的生态园林景观，不仅是对城市原有天然环境进行合理保护，更是对天然环境再创造，使园林植被这种可以形成天然空间的资源在城市人工环境中合理再生、扩展积成和继续使用。风景园林绿化可推进人类与环境的可继续发展及城市文明建造，这不只表现于优化环境质量，推进人类身心健康，也陶冶情操，促进社会文明涵养、艺术审美和行为品德。随着城市化建造速度的加速，风景园林绿化工程在城市建设中发挥着重要作用。风景园林工程营建了美好景象，带来了良好的生活的环境，也给人们带来心旷神怡的感触。

二、风景园林施工的现状

施工管理不到位。施工单位在施工过程中，缺乏与设计者必要的沟通，没有充分地体现出设计者的设计意图，使园林的设计思想和精髓没有充分地展现出现，进而导致园林工程没有达到预期的期望，质量低下。同时由于施工单位管理的不到位，对工程施工计划、材料和人员没有进行优化配置，施工中的质量材料和技术措施也没有依据，为施工带来了较大的隐患，难以保证工程竣工后的质量。

施工人员技术水平落后。由于最近数十年来，国家和市政主管部门对城市风景园林景观和绿化环保问题比较重视，发展和建设了一大批的景观园林工程，这给风景园林行业带来了巨大的市场商机，使得风景园林行业得到了蓬勃发展。由于市场发展的需要，园林建设施工单位的从业人员却严重不足，为了适应市场的需求，风景园林工程施工队伍迅速扩展，但是施工技术人员的素质却良莠不齐，缺少经验丰富的技术人员，整体素质较低。由于风景园林建设既是一项工程又是一门艺术，它需要施工人员技术过硬，不仅能看懂图纸、技能高超，还要有一定的艺术审美能力。但是，当前的风景园林工程施工人员多数是由民工组成，缺少专业的技术训练，甚至很多人员对图纸的解读存在障碍，施工技术不过关，施工现场管理效率较低。

园林种植技术得不到足够重视。园林工程主要是由土方工程、筑山工程、给排水工程、种植绿化工程等四个方面组成的，但是在实际的风景园林施工建设过程中，园林的种植工程却通常得不到足够重视，很多施工单位技术人员错误地认为园林种植就是栽花种树，不需要翔实的规划设计。由于对园林种植技术的不够重视，导致植被在遇到一些环境变化时缺乏适应能力。在园林景观绿化过程中，从选苗开始就应严格控制幼苗质量。首先，幼苗的高度，茎冠宽度规格要符合设计标准；其次，重视幼苗的大小和修剪标准；再次，幼苗在运输过程中减少或避免断裂根现象，幼苗不得患有病虫害，已患病幼苗必须得到及时治疗等。此外，在实际的施工建设过程中，事先选栽的植物对土壤环境要求非常高，土建工程易对周围环境二次污染，使得土壤内颗粒过大，形成土块板结，导致透气性不好，透水性差，最终在土壤表层行成人为的滞水层，从而使园林植物根系很难生长，常常出现植物根系缺氧腐烂的现象。

三、风景园林工程施工应注意的技术问题

城市在不断地加强各项基础设施建设的同时，也加快了对园林工程的施工进度，生态风景园林工程作为城市中的标志性工程，对城市的精神文明建设及人与环境的可持续性发展具有极其重要的意义。

施工中应注意按设计图纸施工的问题。园林绿化工程设计图纸是工程施工与验收的主要依据，设计效果直接影响园林绿化工程的整体景观效果。设计图纸是整个设计的核心，起主导作用。现场施工人员按图纸要求，结合工程整体功能需求与各项设施的具体布局，来审核工程设计图纸，要在施工不同进度阶段与设计单位进行图纸会审，确保整个园林工程质量。

施工中应注意的定点放线问题。定点放线是根据施工图在现场测出苗木栽植的株行距和位置。定点放线一般要求位置准确，标记明显，种植穴标明中心点位置，种植槽标明边线，放线时遇特殊情况须灵活处理，适当调整株间距离。

养护和管理技术。通常情况，风景园林工程的建设周期并不长，但是真正困难的是施工后期的养护和管理工作。在施工过程中，由于缺乏相应的养护和管理技术，加上施工过程对环境造成的污染，导致园林植被在施工后期阶段常常会出现病害、萎蔫甚至死亡的情况。很多时候，刚刚种植后的苗木绿化效果非常好，但是随着施工尾声的临近，管理者本身就缺少养护植被的相关技能，疏于管理，导致园林苗木出现各类病害情况。同时，目前承担苗木保养工作通常是一些民工，缺乏相应的专业知识、技能和必要的资金，用于节能工作，没有养护意识，最终，园林草坪内杂草丛生，甚至出现苗木病虫害现象。

在风景园林工程施工的同时，需要组建一支专业素质过硬的监管队伍，把监管和养护的工作内容和责任明确到人，并构建完善的奖罚机制，督促养护工作的落实。定期在保养人员中间开展养护培训，提高养护人员的技术技能和专业知识，强化责任意识。同时，还要加强环境保护宣传教育工作，可以在园林周围粘贴保护环境的宣传海报，呼吁人们保护环境，提高环保意识，减少破坏绿色园林现象，创建美好和谐的环境。

生态风景园林工程施工是一项极具科学性和技术性的工作，需要良好的管理体系和施工系统，要注意以上技术问题，并确保后期养护，保证植物的优良生长环境。

第五章 园林工程施工技术创新研究

第一节 园林工程施工技术问题

园林施工是一项整体的工程，提高园林施工中的技术水平，保证园林施工秩序是关键。本节简单论述了园林工程施工中的常见问题并提出应对措施，以供同行参考。

在施工现场中，不仅要做好施工前的准备，而且要对施工过程中的技术管理、质量管理及施工安全控制等进行有效控制。针对此类问题进行深入分析，其根本原因主要在于园林施工中的技术管理，而技术管理作为园林施工的关键，在制定相关管理措施要不断结合技术施工的理论知识，并且结合实际情况，制定行之有效的园林施工技术管理措施，提高园林施工的工作效率和施工质量。

一、现阶段园林施工的准备工作

（一）园林施工必要工作准备

提前落实好园林施工单位的各项施工任务，将各个施工任务认真理清，做好园林施工过程中，所用人员的准备工作，将各种需要提前做的任务都整理好是关键。对具体的园林施工过程中，容易出现的常规性问题做好必要的预防措施和有效经验总结，提前做好处理措施，从而提高园林施工过程中的工作效率，节省资源的耗费。

（二）园林施工技术准备

组织园林施工项目部的主要施工技术人员参加施工图纸的会审程序，严格按照园林施工的相关规定进行审定，保证园林施工中的技术人员对于整个施工过程的特点有较全面的了解。而且，施工技术作为保证园林施工质量的最关键因素，优秀的施工技术和施工质量紧密相连，所以要求施工人员对园林施工的设计意图和工程重要部分的具体工程质量要求有一个明确的认识。在实际施工中，保证每个园林施工人员对施工设计图纸都要十分熟悉，做到能够深入解析图纸，保证分项工程的施工技术交底和安全交底工作。

（三）园林施工机械准备

有效利用施工机械，不但可以提高园林施工的工作效率，而且可以有效保证园林施工的质量。与人工施工相比较来说，具有十分显著的优势，因此，做好园林施工机械的准备工作，更是施工技术管理的基本前提，在具体过程中，提前做好施工机械的准备，对园林施工机械的质量要进行全面的检查，对机械的性能要很好地把握，而且，保证施工机械的操作人员具备基本的维修能力。

三、我国园林施工中的技术管理现状

（一）施工人员的整体技术水平有待提高

随着近年来我国园林施工建设有了较大进步，然而从整体上来看，我国园林企业的发展仍然存在较大的不平衡性，导致在具体的园林施工中，施工管理的水平不高，使施工过程中时常发生停工现象，而且在施工前后时常有操作任务不均的情况发生，使有的施工组处于闲置状态，而有的施工组却忙得不可开交，致使时常出现延缓工期的情况，并且造成了很大的资源浪费。

（二）园林施工人员的综合素质差异较大

园林施工系统作为一个庞大的工程体系，需要很多技术学科的投入，涉及领域十分广泛，所以，园林施工对于施工人员的专业素质及综合素质的要求是比较高的，施工人员作为园林施工的关键因素，其自身素质的高低直接影响着园林工程的整体质量，而在当前的园林施工中，企业内部管理人员缺乏必要的专业知识和职业技能，以及施工管理中需要的管理知识也相对欠缺，致使不仅不能全面地对施工过程进行了解，而且在管理上也时常出现漏洞。另外，园林施工的施工人员素质也存在缺陷，在一线的施工人员大多是农民工，教育水平和综合素质方面都比较缺乏，施工专业技能也存在不足，影响了园林施工的整体质量。

（三）园林施工中各部门之间的沟通不协调

园林施工作为一项复杂的工程，团队配合和部门间的协作是至关重要的，因此，在实际的园林施工过程中，施工项目的顺利实施，都需要项目施工单位各部门之间的协作和配合，尤其是在工程施工之前，针对工程设计规划，对其各方面施工技术进行分析，为了保证园林施工设计的合理性，施工部门之间要针对树种的种植、种植的方式及种植工程量等多个因素进行深入分析，然而，现阶段我国园林施工中的各部门之间的沟通较少，往往只是考虑自己部门的设计因素，针对部门的实际问题对设计进行调整，而没有把其他部门的实际因素考虑其中，导致施工的规划和设计很难完善。

四、加强园林施工中技术管理的措施

（一）加强园林施工之前的技术准备工作

园林施工作为一项复杂的施工工作，其技术上的准备工作是十分重要的，例如施工之前的技术人员组织工作和园林施工材料的选择工作，不仅关系到园林施工的质量，而且影响着园林施工的整体美感，而且两者必须要同时全面考虑，不能顾此失彼。因此，在施工前要对相关施工单位在施工技术上的实力做一个全面的了解，选择专业素质高、资质老、信誉高的施工企业合作。而且，在具体的施工中，要加强施工人员的管理，选择经验丰富、专业技能水平高的施工人员参与施工管理，从而提高园林施工的质量。

（二）重视园林施工过程中的施工技术管理

同其他工程施工一样，对园林施工过程中的施工技术管理，是整个园林施工技术管理的主要环节，对施工现场的管理和监督，是有效保证施工技术和施工质量的重要内容。在具体的施工过程中，施工单位管理人员要与施工监管人员相互配合，对施工流程中的技术措施进行监管，确保施工的质量。而且，整个施工质量的检查和监管工作要建立在充分了解施工技术和施工任务的基础上，确保施工技术管理工作的落实。

（三）园林施工后期的施工技术管理要重视

园林施工作为绿化施工，其后期的养护和维持工作十分重要，因此。施工单位不能对施工后期技术的管理放松心态，要做好园林施工的验收工作，保证园林植物种植的成活率及质量的优劣。在现阶段的园林施工中，对于后期的养护和技术管理上都不够重视，再加上园林养护人员缺乏相关的专业知识，养护设施较差，导致园林绿化苗木后期的成活率很低。所以，加强园林绿化施工后期的施工技术管理是整个园林绿化施工的关键，相关技术人员不仅要做好苗木的定期检查和防护工作，而且要对病虫害及时解决。另外，对园林后期的养护工作，人员的选择上也要更加严格。既要考虑养护人员的专业水平，还要保证其综合素质，确保其对植物后期的护理工作认真负责。

总之，在现阶段我国的园林施工中，存在的技术管理问题比较多，不仅在施工管理水平上存在缺陷，而且在园林施工的施工技术水平上也有很大欠缺，因此，积极解决园林施工中存在的技术问题，加强园林施工各阶段的技术管理，全面提高施工管理人员和工作人员的各方面素质，推动园林施工的整体发展。

第二节　园林工程施工技术的重要性

在园林工程的施工建设过程中，往往要遵循很多原则，如细致性、全局性等。既要做到对细节的把控，又要从宏观整体出发，对整体景观进行合理布局，提升园林工程的整体性能和美化程度。本节对园林工程的重要性进行了分析，对一些施工工艺进行探讨，对使用优良施工工艺带来的经济效益进行了说明。

一、园林工程的重要意义

近年来，我国在高速发展的进程中，环境污染严重，所以人们对绿色生态和可持续发展逐渐重视。无论是对于公园还是人们的正常居所而言，都掀起了园林景观建设的热潮，这顺应了我国发展的大潮流，符合我国可持续发展的大方向，为人们的生产生活提供了优质的条件，为城市的长期规划提供了绿色保证，同时也为子孙后代造福。因此，园林工程是一项意义深远的利民工程，所以，研究符合当代要求的园林工程施工技术，对园林工程的发展状态有重要意义。

二、园林施工中的重点技术分析

园林是一种长效景观，因此在施工中要做到实用与美观的结合，充分发挥园林工程的绿化和观赏功能。园林施工是绿化建设中十分重要的一环，与其他各个环境相互影响，尤其是后期养护管理工作十分重要。所以说，在园林施工过程中要以施工图为重要依据，严格施工。下面对施工中的一些技术进行分析说明。

（一）种植播种材料选择技术

材料选择在一定程度上决定了施工的经济效益，所以在材料选择过程中要做到严选、优选。即选择根系相对发达、生长状况良好、无病害的种植材料。对苗木的挖掘和包装都要进行把关，看是否符合行业的标准。一般情况下，要求土球大小为胸径的8倍到10倍，要用草绳对根部进行包扎，保证土球的整体性，防止松散。而对于草块和草卷来说，基本要求是规格一致、边缘平整，杂草率低。而对于草坪、草花等材料，要对原产地、类别、品种以及质量进行全方位验收，而对于海外的种子，要严格检查合格证和发芽率，发芽率高于90%，才可以投产使用。合理选择播种材料是整个园林施工中基础且重要的一个环节。

（二）种植前土壤处理技术

土壤的性质会对种植产生影响，因此在播种前要进行土壤的化验分析工作，并且要对土壤进行松土、施肥等操作，除此之外，要保证突然满足国家规定的土地种植需求。种植地的土壤含有建筑废土及其他有害成分，以及强酸性土、强碱性土、盐土、盐碱土、重黏土、沙土等，均应根据设计规定，采用客土或采取改良土壤的技术措施。绿地应按设计要求构筑地形。

（三）放样施工技术

根据绿化工程放样对象的不同，主要分为土方放样和种植放样。

对于土方放样来说，平整场地防线和自然地形防线是其两种主要表现形式。平整场地防线要确定施工范围，对于室外放线而言，要严格考虑地形。地形是在一定程度上影响了园林景观的整体规划，因为地形会影响整体景观的空间感，视野等。在园林景观中，植物景观常常有很多种变化形式，这一般都受地形影响。在实际操作中，常选用方格网法进行放样。与土方放样相比，绿化种植是园林绿化的主体工程。在景观设计中，各种各样的植物主要构成了景观，而放样过程中，由于植物栽植的方式不同，可以采用多种形式，如自然式、整体性等。在不同的放样方式中，自然式操作较复杂，不容易掌握。

（四）冬季养护技术

冬季养护技术在现阶段的园林工程养护工程中，人们往往会忽视冬季的养护工作。冬季一般气温较低，植物的病害较少，这是人们疏于管理的主要原因。在实际管理过程中，水肥不到位，植物经常发生冻害，水分不足，如果不加强管理，则会造成植物的死亡。所以在冬季或者冬季和春季交替的过程中，要注意气温的变化，对植物进行呵护。

（五）养护修剪技术

在园林工程竣工后，养护管理工作十分重要，养护工程是一项长期的工程。在园林施工中，我们常说“三分栽种、七分养护”。不同的树木有不同的特点，要想保证植物在今后健康成长，就要根据不同的植物为它们创造良好的生长条件，满足水土养分的需求。

风景园林工程对绿化植物的景观效果有比较高的要求，在对园林绿化苗木进行修剪时，要在确保园林苗木成活率的基础上尽量保持苗木的树形。比如元宝枫，它就需要重剪，其余的苗木植物均可以适当地疏枝，当树木修剪完毕后，剪口较大，则需要按照规定进行梳理剂的涂抹，防止树木发生病虫害。

本节对园林景观建造过程中的一些技术进行了简要说明，主要包括材料选择技术、土壤处理技术、定点放线技术、冬季养护技术、苗木修剪技术等。在具体的施工中，通过使用上述技术可以达到提高苗木的成活率，增强整体景观效果，层次感分明，利于后期养护等优点，多种施工技术综合使用，可以提升园林景观的整体性能。尤其是做好植物选择和苗木养护技术，可以延长植物的生命周期，提升经济效益。基于本节的整体论述，在今后要重视对优良施工技术的使用。

第三节　园林工程施工中新技术应用

一、园林植物选种和栽植新技术

（一）空间育种技术

随着我国航空事业的迅猛发展，空间育种技术也带来了全新的发展空间，航空技术、现代生物技术和遗传育种技术也愈发成熟，以上技术的成熟为种植的创新开创了新的途径，科学家可以通过空间育种技术培育出高产、早熟、多抗且优质的新植株，进而解决以往园林植物花期短和抗性差等一系列问题。通过将植物的种子随飞船带入太空之中，利用太空辐射和微重力环境等各种太空条件的影响，使种子具有有益突变多、诱变效率高等优质特性，且完全不需要担心转基因植物的安全问题。正因为以上多种优势，空间育种技术不仅能够培养出花期长、花朵鲜艳的植物，还能让植株具有抗旱、抗盐碱与抗病虫害等优点。

（二）同工酶技术的应用

同工酶技术在园林植物中一般用于植物品种的分类和筛选之中，目的是做出能够适应当地地区气候条件的植物种类的选择。通过使用同工酶技术做植物的杂交育种，可以相对准确地预测出植物之间的杂交结果，从而提高杂交的可预见性和目的性，在另一方面还可以有效地降低人力和财力的投入，能够节省较大成本。

二、园林施工工程中的新材料使用

（一）高边坡防护技术的应用

在园林工程施工中，通常都会遇到高坡施工和人工湖的施工场景，此时，就需要使用到我们的高边坡的防护技术。高边坡防护技术需要根据现场的实际高度、边坡的坡度以及当地的水质条件等各个因素进行确定。高边坡防护技术目的是增强边坡的强度与抗滑能力，并且能够维持边坡的稳定性。此技术主要利用在地质条件相对好的工程之中，通过利用植物的根系组织，进而固定周边的水土，此方法不仅能够增加土壤的肥力，还能够实现较好的生态效益。在园林工程施工中使用高边坡防护这一新技术，做到一举两得。

（二）架空砖的应用

架空砖是当前建设生态城市中出现的新技术产品。在以往的园林工程的施工中，由于普通砖透水性能较差，而在主体结构的施工中往往需要砖砌结构，大量地使用普通砖导致了土壤中蓄水现象的发生。架空砖主要是以自然空间与土壤结构为工程的基础，形成一个空气雨水的自然通道，从而避免了土壤中蓄水的现象发生，进而提高城市土层的渗水能力，为城市园林的新技术带来了新的发展空空间。

（三）塑料盲沟的应用

塑料盲沟是新兴的产品，塑料盲沟具有：能够适应地形、材质轻、持久性好、方便施工等一系列优点，正是因为具有这些优点使得在园林工程施工中能够有效地降低劳动强度，进而提高园林工程施工的工作效率。塑料盲沟的用途较为广泛，例如可以使用在坡地、边坡地的工程施工等，能够有效地帮助此地形保持水土，且可用于如高尔夫球场等一些大型场地的排水，可以实现整体工程的排水处理。

三、园林施工水利管理中的新技术

（一）液压喷播植草护坡技术的应用

将草籽、土壤改良剂、保水剂、黏合剂、肥料等多材料按照一定的比例进行混合，将混合后的材料加入机器中，通过机器的增压将其喷射至所需要种植的坡面，这就是液压喷播植草技术。此技术具有施工简单和效用速度快的特点，能够大大提高园林工程施工的效率，且通过此方法喷射种植的草坪发芽范围较为均匀，是值得被广泛应用的。

（二）园林微灌溉技术的应用

园林微灌溉技术是普遍采用的一种局部性的灌溉技术，这种技术是通过使用微喷头或滴头来进行植物的浇灌，通常用于花卉、草坪和小灌木等的浇灌工作上。因为使用的喷头水量相对较小，所以在灌溉时不会对植株的幼苗造成强烈的冲击，并且能够很好地将植物周围的土壤湿润。经过试验和数据分析，此技术可以将水的利用率最大化，同时可以更加有效地提高肥料的利用率。园林微灌溉技术不仅能够满足植物对浇灌的要求，还能够满足植物对于肥料的需求，对植物的生长发育起到了良好的促进作用，且进一步地减少了园林灌溉的人力和财力资源。

（三）雨水膨胀止水胶施工技术的应用

雨水膨胀止水胶施工技术是为了工程中所要用到的密封处理项目，例如在进行机构的接缝、管线等的密封处理。雨水膨胀止水胶施工技术具有较好的双重密封止水功能，当出现水渗透进管线之间的接缝时，此技术能够利用橡胶具有弹性的这一特点进行及时的止水。

（四）雨水回收技术的利用

雨水回收利用技术是现代海绵城市建设中重要的一环。通过利用修建相关的雨水回收设施，或则对雨水进行特殊的出路，先对雨水进行收集，然后再对其进行重复的回收和利用，例如将收集到的雨水进行树木的浇灌、路面的清理等日常园林维护工作中去。此技术能够将雨水收集并利用，对雨水资源有效利用提供了方法。

四、园路工程中透水砖的使用

园路工程一般指的是在进行园林建设时，为了让民众更加方便地与大自然环境进行接触而设置的道路，与普通的城市路面相比，由于园路的使用人群和特性，园路并不需要很高的强度，但其需要具有相当的美观性与环保性。透水砖是一种具有良好透水性能的新型材料，符合当今节能循环的建设要求。透水砖的使用还可以保持一定的水土，且不会影响到周边的植物生长。园路使用透水砖进行铺装，在平时不仅美观，当下大雨时透水砖因其具有良好的透水性能，所以雨水并不会沉积在路面上造成积水。且透水砖能在雨天将雨水聚集在砖下的地表之中，且能够保留一部分的水分在砖内，在晴天时通过日照将砖内水分蒸发排出，对调节城市的温度和湿度具有实际应用意义。

中国园林历史悠久，从皇家园林到私家园林、寺庙园林、郊野园林，其造景手法与造景要素不断优化。园林人利用当时特定的空间与材料，营造无穷的园中意趣，造园手法随着时代的变迁而不断进步。当代园林建设应适应现代化建设需求，在追求意境的同时，达到生态文明建设要求，将新技术新材料与传统工艺有机结合，合理运用空间育种技术、同工酶技术、驾空砖技术、塑料盲沟技术液压喷播植草护坡技术、灌溉技术等，保证园林建设优质性，为推动我国生态型现代化建设打下坚实基础。

第四节 园林工程施工中节能环保技术

在我国社会经济快速发展的背景之下，园林工程的发展状况越来越好，大家对园林工程的关注度也是有所提升。大家越来越认同经济快速发展的前提是遵循自然的发展规律，而园林工程的建设是环保绿化的一部分，在园林工程施工中节能环保技术是一项重要的技术，节能环保技术在园林工程施工环节存在着一定的问题，阻碍了园林工程施工环节的发展，本节分析了节能环保技术在园林工程施工中的重要性、发展现状以及应用分析。

我国在社会经济取得飞跃发展的同时，也造成了环境污染这一重大的问题，园林工程的出现就是国家为解决这一问题做出的明细的工程，园林工程是绿化的重要部分，在这项工程中应用节能环保技术，既可以降低不可再生资源的消耗量，又可以改善人类赖以生存的生态环境。

一、园林施工工程中节能环保技术应用的重要性

园林施工工程当中，将节能保护技术应用到其中，既可以减少施工过程当中的污染状况，又可以提升园林工程的生态效益。节能保护技术在园林施工过程当中得以体现，对于园林工程的整体发展过程有着促进作用，是可持续发展理念的一个重要体现，也是环保绿化的一个重要内容，节能环保技术在园林施工工程当中的重要性也有表现。

二、园林施工工程中节能环保技术应用的发展现状

节能环保技术分为主动与被动两大类别，主动一类需要利用非自然元素进行合理利用，虽然节能保护技术有一定的复杂性，需要在前期投入高昂的费用才得以维持这项技术。而被动技术则需要因地制宜地依靠当地的环境进行发展，才可以使得被动一类技术得以协调发展。其发展现状分为两方面，一方面是园林消耗的状况，另一方面是园林节能环保的状况。

（一）园林消耗的状况

在园林工程不断扩大发展的情况下，园林消耗状况也是急剧增长，其舒适度也是有所提升，但是其消耗量提升，确实需要国家各方面的协调发展。

（二）园林节能环保的状况

节能环保技术的发展与当地的气候等自然环境有不可切断的联系，才能达到节能环

保的目的，在热带应用温带的技术，也是一大错误之处，因地制宜发展才是正确的选择。

三、园林施工工程中节能环保技术的应用分析

园林工程的施工建设，一方面是响应国家的号召，节约资源，保护环境；另一方面是改善居民生存的生态环境。园林施工工程中节能环保技术的应用包括四个方面的内容，第一，园林工程施工过程中需要减少资源的使用；第二，将节能工艺与环保工艺应用到园林工程当中，使得节能施工得以有效进行；第三，合理安排园林工程的施工进度，使得人员得到有效利用；第四，将绿色能源引进到园林工程当中，降低园林工程的施工成本。接下来将展开具体的分析。

（一）园林工程施工过程中需要减少资源的使用

园林工程当中包括的项目比较繁多，园林建筑、道路、绿化设施、湖水建设等项目都是必不可少的。在园林工程当中减少资源的使用，尤其是不可再生资源的存在，因为在之前的园林工程建设当中不可再生资源的浪费现象十分严重，材料、土地等资源也应该采用循环利用的方式，既可以采用现代的建造技术，也可以学习古人的建造技术，同时将中西的建造技术结合起来，找到最节约资源的一种方式，因地制宜，找寻属于本地区的园林工程的一大特色。

（二）将节能工艺与环保工艺应用到园林工程当中

在园林工程的施工过程中，将节能工艺与环保工艺应用到园林工程当中，可以达到节约能源、降低消耗的目的，才可以使得施工工程顺利进行。在建设材料方面，可以将新型螺丝连接工艺引入到园林工程建设中，因为园林工程的连接施工会使得资源利用率降低，新型连接工艺的存在可以节约建设材料，使得园林工程的安全水平有所提升；在技术应用方面，园林工程中的各种技术都需要遵循一定的标准，才可以使得技术长久地有所使用，但是过多的太阳能中的保温系统的存在会对工程造成一定的消极影响，所以在技术应用当中需要安排专业的技术人才，对于工程应用建造过程进行严格的监控，以免影响园林工程的整体进度；在引水应用方面，水管改造施工时不可缺少的一项技术，这项技术的存在可以使水资源的循环利用水平有所进步，对于消耗水量较大的园林工程而言，更有一番重大的意义；在人才应用方面，人事部应该对施工人员进行严格的考察工作，施工人员必须拥有专业的知识水平与实践水平，施工人员应在岗位上轮流交换，避免出现施工人员擅离职守的状况，进而影响园林工程的施工的整体进度。

（三）合理安排园林工程的施工进度

园林工程建设当中存在着比较多的工作任务，持续的时间较长，占地面积比较宽广，思考设计的环节比较多，故而花费的时间与精力会比较多，因此施工人员的领导者应该合理地安排园林工程的施工进度，合理地利用好施工过程中存在的人力物力等各种资

源,减少施工人员轻视个人工作的状况,控制好施工进度之后,各种规划与安排才得以顺利实施下去,园林工程中的绿化问题应该得到充分的考虑,使得工程建设既可以顺利进行,又可以科学运用。园林工程占地面积较大,一般也是在露天的情况下进行,可以将绿色太阳能技术应用到园林工程当中,降低环境污染。

（四）将绿色能源引进到园林工程当中

园林工程不仅有露天式的工程,而且还有封闭式园林,封闭式园林当中不可缺少的是屋顶层面的设计。屋顶层面的设计则需要注意保温设计与隔温设计,加强通风也是对屋顶设计的一个支持,提高太阳的反射率,使得空调节能的目的较为轻易地达到。

综上所述,园林施工工程中节能环保技术应用的重要性是减少施工过程当中的污染状况、提升园林工程的生态效益,园林施工工程中节能环保技术应用的发展现状分为园林消耗的状况、园林节能环保的状况,园林施工工程中节能环保技术的应用分析内容为园林工程施工过程中需要减少资源的使用、将节能工艺应用到园林工程当中、合理安排园林工程的施工进度与将绿色能源引进到园林工程当中。

第五节　园林工程的施工技术与养护技术

进入 21 世纪以来,我国经济迅猛发展,百姓的生活质量也有了明显的提高。园林工程作为人们生活中必不可少的组成部分,能给为人们提供优美的环境,让人们身心变得愉悦。我们随处可见的花园、园林、路边的植被等都属于园林工程的一部分,对于净化空气、美化环境具有重要的作用。但是随着园林工程量的增大,对于施工提出了非常高的要求,且如何做好养护管理工作也成了相关工作者需要考量的重点。本节就结合园林工程的施工现状,对施工技术和养护技术加以分析,以便最大限度的彰显园林的人文价值和社会价值。

众所周知,园林工程是城市美化、建造施工最重要的内容,也是城市发展最不容忽视的一部分。与一般的工程不同,园林建造与百姓的生活息息相关,是净化空气、涵养水源的有效途径。作为该工程最重要的两项内容,施工技术与养护技术相辅相成,缺一不可。施工技术关系到园林的建造质量,养护则影响植被的存活率。在各地区园林工程不断增多的背景下,必须做好施工与养护的同步发展,唯有这样才能为百姓提供良好的环境,让人们感受到绿色植被蕴含的魅力。

一、园林工程施工技术要点以及施工方法

对于整个园林工程施工项目而言,最难把控的部分就是施工技术。在实际作业中要协调好不同部门,组织配合工作,找准施工的难点。

（一）做好施工前期的对接工作

施工之前的对接工作是所有工作的基础，也是今后施工的前期勘探环节。如果前期的准备工作做得不到位，图纸、材料之间的对接就无法顺利完成。因此，园林工程施工技术要点之一就是要保证第一线的施工人员能够全面理解设计意图，对图纸有一个精准的把握，并在开工之前做好反复核查，按照施工进度开展作业。当然，如果遇到图纸不规范或产生疑问的时候，则要与设计人员取得联系，防止出现影响绿化效果的情况。然后再进行工作对接，分配好各部门的任务，保证前期对接顺利完成。

（二）掌握好园林植被生长的规律

施工技术的有效落实离不开对植被生长规律的把握，只有掌握了植物的生长特征，才能按规律办事，才能提高他们的存活率。所以，技术施工与操作要以植被的勘察为基础，要精准分析地区自然环境特点，不能忽视植物适应性的研究，在园林植被技术的使用中也要从实际出发。

(1)要坚决反对反季节施工，假如非要如此，则必须做好保护措施。例如，夏季移植红叶李较难种植，施工人员应提前 7 ~ 10d 修剪，枝条损失的水分和营养及时由根部补充，维持水分平衡。待小芽刚萌发时起树移植，缩短苗木康复期：①重复修剪 3/4 减少水分蒸发。②加大土球。③摘叶控制叶面水分蒸发，在一定程度上保证其生存质量。

(2)按照适地适树的规律采样恰当技术，以土壤的情况为植被园林施工的条件。

（三）强化对施工质量的管理工作

质量管理是园林工程施工的要义，相关单位要做好把关工作，选择最适宜的原材料施工。在众多的厂家中挑选信誉度最高的企业，彼此之间要达成共识、签订协议，特别是在运输途中，必须保护好植被，防止出现碰撞和挤压的情况。另外，要完善监督与管理，控制好成本数额，将经费开支控制在合理的范围内。

二、园林工程的养护技术

（一）树木的养护

园林工程施工中最常见的就是对树木的养护，树木生长周期长，相比于花草，存活率更高。但是容易遭遇病虫害的侵袭，这就必须做好养护管理。一方面，要及时地对树木进行杀虫，对小树苗进行保护，当秋季或大风天气到来之时，要及时对地下的落叶进行清理；另一方面，对于树木要及时修剪，凸显园林工程的艺术特点，提高它的美观度，让人们有赏心悦目之感。

（二）花卉的养护

在园林施工过程中，我们也要做好花卉的养护工作。对于花卉的一些枯枝落叶，我们要及时地剪去，定时定量地对花卉进行浇水，避免干旱的情况出现。同时，每间隔一个月需要对花卉进行一次集体打药，有效地防患病虫害。最后，在对花卉进行养护工作的过程中，可以对花会进行一定的搭架，这样不仅可以有效地保证花卉之间的通风性，而且也能够有效地预防病虫害。总之，在园林施工的过程中，我们一定要做好花卉的养护工作，使花卉将园林装饰得更加美好。

（三）定期灌溉和施肥

掌握好树木、花卉的生长规律，及时地进行灌溉和施肥，是园林工程更好完成的关键，也是减少病虫害的有效对策。对于植被要明确它们的生长规律，定期地浇水、施肥和灌溉，有机肥的使用可以辅助植物生长，给他们养分，以便让园林工程更好地发挥效力。

城市园林绿化工程的一项重大内容是按照园林绿化设计要求，在特定的范围内进行植树、栽花、种草，并尽量使其发挥绿化效果的过程。种植和养护是其中重要的两部分。园林工程的施工及养护实践性很强，施工属于短期工程，养护管理属长期、周期性工程。要落实好这两大工作，就必须完善施工技术，掌握土壤情况，及时对植被进行养护。

第六节　风景园林工程施工技术

近几年我国各地的空气质量下降严重，人们开始注重城市中的风景园林工程设计，各个城市也加快了风景园林的建设步伐，这在很大程度上促进了我国城市风景园林向着专业化、规范化发展，也对我国风景园林施工的技术和质量控制提出了更好的要求。采用何种施工技术及如何进行质量控制已经成为风景园林工程施工过程中的一个重要问题。

在城市化建设过程中不仅需要完善城市中的各种基础设施，同时也要加强在建设城市风景园林，目前风景园林已经成为许多城市的标志性建筑物，同时对人类的可持续发展也有着重要意义。城市中的风景园林不仅反映一个城市的文化，同时也会改善人们的生活环境，可见在城市中建设风景园林意义重大。

一、园林工程施工技术控制

（一）施工需灵活

园林工程同时涉及多方面的施工技术，如：混凝土施工技术、管线工程、栽植工程及养护等方面；而这些技术只有相互配合，才能科学合理地开展园林施工工作。在园林施工之前要求设计单位详细介绍设计意图，深刻领会工程整体设计思想，以便在施工中灵活运用。在园林施工的过程中，施工的技术人员也需要适当安排施工进度和步骤，遵循植物生长规律，掌握苗木最佳栽植时间。

（二）大范围园林工程建设

随着经济社会的全面发展，生活水平的日益改善，人们对环境和生活要求质量的提高，其园林工程范围也大大地进行了拓展，很多绿化工程如公园、广场和公路建设都需要园林工程的配合。大量的需求造就了目前园林工程施工地点相对扩大，这些工程的建设为人们的生活提供了一个良好的休息、文化娱乐、满足人们回归自然愿望的场所。

（三）施工的养护工作

绿化是园林工程的重要组成部分，没有植物的环境，是不能称其为园林的。而这些植物需要施工人员长期、周期性的养护，因此园林乔木及植被的修葺和养护工作就成为园林工程的一大特点。由于乔木植被处在不断的生长状态，需要施工人员保障苗木的正常生长和修剪，以达到园林工程设计的景观效果。

二、园林工程施工过程中存在的问题

园林工程的施工涉及地点繁多，且在人们的生活中扮演着越来越重要的角色，因此园林工程施工过程也成为大众关注的焦点，其中存在的问题也不少，主要表现在：

（一）园林工程施工质量控制的管理制度不完善

园林工程施工过程中由于其管理制度不完善，就造成了施工情况和施工问题不能得到及时有效的解决，影响后续的施工工序，施工问题也层出不穷。施工监理管理体制也不健全，这就使得园林工程质量无法得到保障。目前园林工程施工，尽管表面上已是由专业园林绿化公司运营，但具体现场施工时，很多为非专业人士进行施工，且在施工过程中无法达到艺术标准。

（二）园林工程施工技术人员综合素质较低

园林工程涉及的施工人员比较多，经常在施工期间出现施工技术人员供不应求的状况；而且园林工程目前是一个高速发展的行业，各地区大到国际化大都市，小到城镇都需要进行。大部分都是以工程承包方式进行的，承包方多以当地农民或外来民工临时组建而成的施工队伍，对园林工程技术了解甚少，加上一些人缺乏责任心。

（三）园林工程的外部监理机制与评价机构不完善

园林工程的外部监理机制不完善，这极大地影响了园林工程在实际建设中的施工进度和质量，同时也影响了园林工程的施工问题的解决，监理机制的不完善，造成施工过程中无法得到有效的管控，对园林施工过程中存在的细节也无法进行全面的了解和掌握，园林工程的各项职能也得不到完善与变更，这就影响了监理单位对园林工程进行监管职能的发挥。

三、园林工程施工质量控制

园林建设必须遵循一定的标准和规则，这就需要进行施工作用时保证技术输出，施工质量必须在控制和要求的范围内，才能建设出令人满意的作品，因此施工的质量控制会贯穿整个施工过程，包括施工的准备阶段和施工阶段以及养护保修阶段，影响施工质量的因素也是多种多样的，主要有人、材料、设备、方法、环境等，当然最集中的主要是施工员工和原材料的使用。

（一）园林施工准备阶段的质量控制

园林施工首先要准备施工将要使用的各种施工条件，以保证施工可以顺利地开展，是项目能够顺利完工的必要条件和先决条件。如果在前期的准备阶段就不是很充分，那么后期的项目进度和质量就难以得到切实的保障，也无法对工程进行很好的监督和管理。因此，园林施工准备阶段的质量控制和各项工程的准备工作是后期施工的基础，对整个项目的进展和完工有非常重要的影响。在这个阶段，实践中主要是从以下几个方面进行质量监管：第一：要对施工项目的图纸进行研究，了解设计的理念、意图和所需要达到的技术要求，并确定整个项目的难点和重点，广泛听取使用人员、施工人员的正确意见，弥补设计上的不足，争取提高工程质量；第二：施工前要对所有人员进行技术交底，以使参与施工的技术人员和人工了解承建工程的特点、技术要求、施工工艺、施工操作要求并让施工技术人员能够从整体上了解和把握好每个工作细节等；第三，施工现场要达到四通一平，将临时设施、物质和人员准备好。只有做好了这三方面的准备工作，才算是为园林整个工程建设的质量目标打好了基础。

（二）园林施工施工阶段的质量控制

施工是形成工程项目实体的过程，也是决定最终产品质量的关键阶段，要提高工程项目质量，就需要将影响质量的因素进行全面的控制，以使园林工程产品总体处于受控的状态。首先，施工工艺、工序的质量控制，园林工程是许多个小工程项目的集合体，因此要保证整个工程的质量达到要求就必须对在施工的过程中全面控制，以使每一个小工程都符合设计要求和技术标准。其次，就是对材料的控制，园林工程的施工中都要投入一定的原材料、构配件以及机械设备，这些材料的质量是否达标、是否符合施工要求，直接影响到整个工程的质量，所以需要对使用的各种材料和设备机型等进行严格把关，做到层层进行质量检测；在施工过程中也要对设备进行定期和不定期的维修。再次，定期组织人员进行规程、规范、工序工艺、标准等知识的培训，提高人员的质量意识，严格执行执行质量标准和操作规程的观念。最后就是对交工验收阶段的质量控制，园林工程的各个小项目都需要在验收的过程中符合标准，多个分项的合格才能保证整个项目质量达标，反之，会影响园林工程的质量的可靠性。

综上所述，园林工程实际上是控制和管理的实践性较强的一门学科，其中施工与设计所产生的偏差越小越好，这样才能符合设计者的意图，达到良好的园林建设效果。在施工前做好全面的准备工作，减少人为过错引起的失误，减低返工率，加强工程质量的管控，是目前施工单位急需解决的问题。施工单位只有在实际工作过程中掌握工程原理、发挥出施工技能并把园林工程的科学性、技术性、艺术性等有机结合起来，才能建造出整个园林工程的合格作品。

第七节　园林立体绿化工程施工技术

现阶段，我国社会经济的发展速度正在不断加快，人们的整体生活质量也有了很大提升，在这样的时代背景之下，人们对周遭的生活环境开始有了更高的要求。尤其是对于城市园林绿化施工建设来说，园林工程建设质量会直接关系到城市所呈现出的整体面貌，也会影响到城市给人们的第一印象。在我国现代化园林绿化施工理念当中，园林绿化施工工作在实际开展的过程中会涉及多个环节步骤，施工技术的应用是非常关键的。基于此，该文对园林立体绿化工程施工技术的应用情况进行了分析。

随着我国城市化进程的速度不断加快，在这一过程中人们对城市绿化的要求正在不断提高。立体园林绿化理念的诞生使得城市绿化工程的质量得到了有效提升，园林立体绿化工程越来越受到人们的重视，并且空间的美观性成为人们的关注重点。在进行园林绿化施工的过程中，为了可以使园林建设的质量得到有效保证，对其施工技术进行深入探索是非常有必要的。

一、关于园林立体绿化的阐述

所谓的园林立体绿化主要是指按照不同的立体条件对植物进行选择，从而使整个空间的美观程度得到提升。并且，园林立体绿化所重视的是按照建筑或者其他设施的实际空间结构展开园林绿化设计。在园林立体绿化设计的过程中，园林绿化工程的展开可以主要将其分为栅栏、门厅、假山以及枯树等几种景观组成结构。在进行绿化操作的过程中最直接的手段就是选择观赏性较强的植物，然后将植物按照建筑的实际空间情况进行分布，从而使其分布美观性得到充分体现。在对植物进行布局以及栽培的时候，应该注意对植被进行精准选择，在对植被进行选择的过程中应该对建筑设施的实际情况以及当地气候环境的实际情况有明确的了解，从而选择更加适合的植物进行种植以及布局，这样不仅可以使园林绿化的美观性得到提升，同时也可以使植物的生命力得到提升。

二、园林立体绿化技术分析

（一）园林立体绿化植物的选择

在进行园林立体绿化植物选择的时候，应该对注意对园林绿化植物的多样性进行精准的把握，这样可以使绿化理念得到更好的落实，同时也丰富了建筑设施的绿化品种，使得整个园林绿化工程建设的展开更加充分。在进行园林立体绿化植物选择的时候，应该根据当地实际的地理条件以及气候条件来进行，不同的环境条件之下相同植物的生长情况也是有很大区别的，绿化植物的选择应该与周围植物的成长相融合，这样才能够保证生态圈的稳定，从而使植物的成活率得到有效提升。在进行绿化植物选的时候，还应该对后期植物维护工作进行明确，在植物成长的过程中难免会受到一些外界因素的影响，因此，维护工作是必不可少的，在展开展绿化植物维护工作的时候，应该根据不同植物的不同生长习惯来展开，从而创造一个更加适应植物生长的生态环境，这是保证后期绿化植物维护工作展开质量的关键。在进行绿化植物选择的时候，应该注意对墙面的高度进行明确，这是非常关键的，通常情况下，墙面的高度不同所选择的植物种类也是有一定不同的，如果墙面较高，在进行绿化植物选择的时候，通常会选用藤蔓生长能力较强以及枝叶丰富的绿化植物，这样可以更好地起到对墙面的包裹作用，从而使墙面的空间美观性得到了有效提升。

（二）园林立体绿化中的施工准备

在展开原理立体绿化施工之前，应该做好相应的准备工作。首先，应该对立体绿化的地点以及形状进行明确，这就需要对工程图纸进行精准设计，在进行图纸设计之前，相关工作人员应该到现场进行勘察，从而对现场的实际情况有更加清晰的了解。但是从很多设计人员的图纸设计工作展开的实际情况来看，其对绿化施工现场并不十分了解，往往只是根据个人工作经验来进行图纸设计。如果图纸设计理念存在问题，也势必会严重影响到后期绿化施工工作的展开。其次，在进行图纸设计的过程中，还应该对施工预算进行精准考虑，这是非常关键的，应该保证工程施工可以在规定期限之内完成，这样可以使工程施工的效益得到有效保证。

（三）园林立体绿化施工中的绿化种植技术

在展开园林立体绿化施工的时候，应该对施工时期进行精准选择，这是非常关键的，通常情况下，园林绿化植物的重视会选择在雨季来完成，这样可以使绿化植物的成活率得到有效提升。同时，相关绿化植物的种植工作人员应该对环境情况进行精准明确，环境情况会直接影响到植物的生长情况以及成活率。此外，还应该对水源以及土质情况进行了解，这对攀援植物的选择有很大的促进作用，如果攀援植物的附着物或者是墙面的实际情况不利于植物生长，可以通过设置其他人工牵引物的方式来满足植物生长的实际需求。在进行攀援植物选择的时候，应该尽量选择生命力旺盛的植物，并且保证植物的根茎粗壮、根系丰满。如果是从国外或者外地引进的植物品种，应该对植物的生长习性进行全面的了解，从而择优选择良种。

（四）园林立体绿化中的绿化施工后期维护

在展开园林立体绿化施工操作的时候，应该注意对后期绿化植物的维护理念进行明确。植物在生长的过程中会受到多种外界因素的影响，这也导致了植物生长的质量很难保证，并且其整体美观性也会受到一定的影响，因此，要注意做好绿化植物的后期维护工作。当植物种植完成之后，立体绿化植物种植的质量保证是非常关键的，后期维护工作的展开可以使植物的生长质量得到保证，绿化植物不会轻易出现长势不良以及植株枯萎的情况。在后期对植物养护的过程中，还应该注意积极对植物进行防虫害处理，并且对植物生长所需要的水分进行积极补足。对那些对生长环境要求较为苛刻的植物进行绿化栽培，在进行植物栽培的过程中，应该保证植物土壤的温度，这是非常关键的，在对植物成长所需要的水分进行确定的时候，往往是需要长期的维护才能摸索出规律。在对绿化植物进行名虫害防治的时候，应该从现阶段植物生长的实际情况进行入手，病虫害的防治是一项长期的工作，对提升植物的生长质量以及观赏性有很大的保证。植物的后期养护工作往往比植物的前期养护更加重要。

在展开园林立体化施工的过程中，还应该注意对绿化施工技术进行科学合理的选用，这样不仅可以起到缩短工期的作用，同时也使得绿化工程的造价得到了有效的控制。同时，在展开园林立体绿化工程施工的过程中，应该注意对绿化植物的品种进行精准选择，在进行植物品种选择的时候应该根据当地地理环境以及气候条件的实际情况来进行，从而保证绿化植物品种与周围其他植物的生长不会相互影响，这样才能够使工程绿化的整体质量得到提升。园林绿化对于改善城市面貌有重要作用，在城市发展的过程中，园林绿化工作的展开可以有效起到促进城市生态平衡的作用，并且保证了城市环境的整体整洁性，对推动城市的建设以及发展也有一定作用。因此，要将园林立体绿化施工的理念进行全面落实，使得施工工作的各个环节之间衔接顺畅，这样不仅可以提升施工效益，同时也使得绿化工程的质量得到了保证。

第八节　市政园林绿化工程的施工技术

近年来，园林绿化行业积极地进行改革，提出了建设园林示范城市的理念，加强了对市政园林绿化建设的力度，施工管理的总体水平也相应得到提高。本节就市政园林绿化工程施工技术的现状及存在的一些不足进行分析与介绍，针对这些问题提出一些改善措施，从而有效地提高园林施工技术水平。

随着社会各方面的发展以及科学技术水平的提高，人们在追求经济飞速发展的过程中，也更加重视环境质量，对园林绿化工程及其基础设施功能的发挥提出了更高的要求，这不仅影响着城市的外观及环境质量，更与人们的日常生活密切相关。因此，为了满足当今社会需要，应不断地提高园林设计及施工技术水平，从而提高园林的价值，进而带来更高的经济、社会价值。

一、市政园林绿化工程及其特点分析

（一）市政园林绿化工程

通常绿化工程涉及土壤测试、苗木选择、苗木栽植、排水及后期养护管理等多项内容，这些内容都对整个园林景观的效果具有直接的影响。园林的绿化对城市的生态环境具有一定的影响，对人的审美观也具有一定的影响，所以，在组织施工时应十分仔细，对各道工序严格把控，并针对在施工过程中的重难点进行重点关注。

（二）市政园林绿化工程的特点

1. 工程理念的更新

在经济与社会飞速发展的过程中，人类越来越意识到自身赖以生存的环境的重要性，对市政园林绿化工程的质量要求也提出更高要求。在此背景下，建设生态环保型市政园林绿化工程的理念被提出，其讲究的是自然景观与人造景观的协调性，使园林在古典建筑、植物配置、景观小品等方面都给人以美的享受。

2. 施工的影响因素复杂

一方面，市政园林绿化的施工工程中，涉及的活动主体比较多，既包括其实施对象苗木，也包括居住在周围的居民等。所以，在施工的过程中需要把不同色彩、季节、品种的植物搭配起来栽植，发挥各种植物的特有功能。另一方面，工程绿化材料的价格受市场经济及区域市场的影响大，不易把握，而绿化工程所需的植物材料品种又多样，工程造价预算也存在不确定性。

3. 工程的养护管理工程具有长期性

市政园林绿化工程中，绿色种植具有季节性，要适时适地种植，并做好后期的养护管理。只有长期精心的管护，才能确保苗木的成活率和良好的长势。值得注意的是，绿化工程虽然规模小，但分项多，工程量较分散，需要投入的人力较多。

二、市政园林绿化工程施工中存在的问题分析

（一）施工理念方面存在缺陷

在工程的施工过程中，部分技术人员在施工理念方面存在缺陷，对工程缺乏整体把握得意识，对工程的地位与作用也认识不足。一方面，部分施工人员认为园林施工对技术水平的要求不高，在施工活动过程中，降低施工技术水平，以致施工质量水平普通不高，降低了园林的开发价值。另一方面，缺乏整体意识，很多园林施工技术人员一味地根据自身传统经验以及个人观念进行施工，以致施工完毕后的工程与实际要求的工程相差甚远，甚至某种程度上存在着一定的安全隐患问题。

（二）施工材料及设施材料的管理不到位

部分工程在施工的过程中，对施工材料及设施材料的保管工作存在不到位现象，出现施工材料在空气中保留时间过长，影响施工材料原有性能，降低了园林施工的质量。如果园林设施没有得到有效保管也会出现外力将其破坏而造成严重的经济损失。

（三）后期保养管理工作不到位

当施工技术工作人员对园林进行施工完毕后，相关园林后期保养管理工作人员缺乏一定的责任心以及综合素质水平不高，只一味地根据传统管理工作经验进行养护，而没有根据园林相关设施的材料以及注意事项进行养护，以致养护完毕后的园林设施在短时间内出现腐蚀、褪色的情况。

（四）施工技术工作人员的综合素质方面存在不足

目前，施工工作人员的技术水平不一样，以致施工活动完毕后的施工质量存在差异，致使影响工程的整体价值，进而降低了园林的经济社会效益。另外，园林绿化工程不同于其他的建筑工程，很多素质不够好的施工队伍加入绿化行业，在施工中，机械地照搬图纸，结果令竣工的景观效果跟设计者的设计方案相差甚远。

三、市政园林绿化工程的施工技术分析

（一）前期平整场地和测定土质技术

在对工程进行施工的过程中，要注意平整场地使栽植现场保持平坦，使根系分布相对匀称，不受伤害。注意进出道路，以平坦为宜，如道路坡度较大，需稍作填铺，以免严重颠簸造成树体和根系的损伤。对于反季节移植的苗木，若根系遭到破坏，需及时恢复生机。种植的土壤，在保证足够厚度的前提下，需要肥沃、疏松透气、排水良好。如果栽植土壤质量较差，需要采取措施改善土壤结构，如客土、培土、掺沙和加入营养土或有机肥。此外，要注意对园林区内的土壤成分进行质量的测定，检查土壤中的有效成分，对所要进行园林绿化工程施工的土壤做全面的了解，保障土壤的质量，这样才能够根据现场的施工条件来选择适合的施工技术，同时也能够选择适宜栽种的花草种类，从而保障市政园林绿化工程顺利施工。

（二）园林种植技术

1. 苗木品种的选择技术

在对苗木进行种植的过程中，要在处理过土壤之后，对土壤的种植深度进行合理的规划，一般而言，不同种类的植物需要的种植深度也不一样，如乔木所需要的种植深度通常在 60 ~ 100cm 之间，而普通的灌木需要的栽种深度则在 50 ~ 70cm 之间。只有按照不同植物的种类进行有效的栽种，才能够保证苗木栽种的合理性，以提高苗木存活的概率。

另外，值得注意的是，要对乔木进行栽种之前，要在其底部增加一些有机肥料，而在乔木种植完毕之后，要保证所埋土壤的厚度最少是 5cm。

2. 植物配置技术

在选择合适的苗木品种后，要进行植物的配置。在这过程中，根据园林植物的生长习性，不能只考虑短期效益而忽略中长期植物的生长状况，必须综合考虑植物种类的组合构图、色彩季相、园林意境，以及园林植物与其他园林要素如山石、水体、建筑等之间的相互搭配，其主要技术包括：①了解土地条件和植物特性，遵循适地适植物原则，主要途径有改植物适地和改地适植物；②根据绿地不同性质和功能选择植物，合理配置；③高度搭配要适当；④色彩搭配要协调，植物搭配要注意色彩的变化和对比，具有丰富季相变化。

（三）苗木带土球移植运输技术

在进行苗木的运输时，要注意对苗木进行有效的保护，在提取和运输苗木的过程中，必须要用绳子将土球的下部进行捆绑，这样可以防止土球在运输的过程中遭到损害，以免对苗木造成影响，而带有土球的苗木在摆放的时候要注意苗木的形态，尽量保持苗木处于直立的状态。而苗木中，乔木和灌木本身的形态为自由曲线和块状，在对两者进行种植的时候，要严格对其进行定点放线处理。

（四）苗木的栽植技术

①修剪苗木。在苗木进行栽植之前，要针对苗木的种类制定出合理的修剪策略。例如植篱的灌木不需要对其进行过多的修剪工作，而对生长速度较快的苗木或者花灌类，则要定期地进行修剪，在修剪的过程中，要注意将枯枝或病枝修剪掉，保障苗木的健康成长。在对苗木的根部进行修建时，要注意将病根或裂根剪除，保障根部的完整性，对苗木的生长起到一定的保护。②注意栽植的密度，密度太小，近期效果不好，很难实现设计意图和景观效果；密度太大，植物没有足够的生长空间，特别是对于乔灌木，树木的姿态，形态如果没有展现空间，将会失去园林树木的景观效果，甚至影响树木的寿命。

（五）排水设施技术

园林绿化的美观不局限于植被，同时，一些雨水口、出水口和园林中的井盖等设施也需要考虑其美观度。首先要运用先进的技术，用创新的思想对园林的给排水设施进行科学合理的规划。要设计出和当地园林绿化相适宜的给排水方案，坚持科学、经济、实用等原则，使给排水设施既耐用又经济高效。对于一些栽植条件较差、排水不畅的土壤中，铺设排水层，排水层结构为无纺布、20cm 碎石填充，如此处理后既透水又可阻隔种植土和周围不合格土壤之间的水分交流运动。

（六）后期养护管理技术

园林工程施工和养护管理同样重要。一个好的园林绿化工程，必须要跟进好的后续养护管理。养护期间要注意不能草率地仅从植物的表象决定养护的方法和措施，因为移植植物可能出现假死、假活现象，植物看上去一点生长迹象都没有，但后期能够正常生长，或者植物种植后虽然生长正常，但后期却无端死亡。因此，养护期间安排人对栽植植物定期检查，一方面要避免将植物假死当作真死，过早放弃养护。另一方面发现异常情况需及时汇报或采取解决办法，提早消除不利于植物生长的因素，避免造成植物假活。

综上所述，市政园林绿化工程是一个长期系统的工作，对于周围环境起到积极的优化作用，在施工中，要依托区域特色，不断进行优化配置，完善相关制度建设，加大对市政城区绿化管理的专项投资，推动城区绿化管理工作的优化发展。

第六章　园林建筑施工步骤

第一节　园林建筑施工图基本知识

一、施工图内容

（一）结构施工图的用途和内容

1. 结构施工图的用途

在园林工程建设过程中，需要进行结构处理的主要是建筑物，建筑物是由结构构件（如墙、梁、板、柱、基础等）和建筑的配件（门、窗、阳台、栏杆等）所组成的。结构构件在建筑中主要起承重作用，它们互相支承，连成整体，构成建筑物的承重结构，称为建筑结构。

在建筑工程中，一个完整的工程施工图应包括建筑的施工图、结构施工图、设备施工图。其中结构施工图主要表达结构构件的造型和布置、构件大小形状、构造。所用材料与配筋等情况，是进行构件制作与安装，编制施工概预算，编制施工进度的重要依据。结构施工图的好坏，直接影响建筑工程的安全性。

2. 结构施工图的内容

按主要承重构件所采用的材料不同，一般楼层建筑可分为木结构、砖木结构、砖混结构、混合结构、钢筋混凝土结构、钢结构等类型。结构类型不同，结构施工图的具体内容及编排方式也各不相同，但结构施工图基本都由结构设计说明、结构布局平面图、构件详图三部分组成。

（1）结构设计说明。结构设计说明主要包括三个方面：工程概述、地基及基础说明和其他说明。结构设计说明以文字说明为主，必要时可附以辅助图样。其内容是全局性的，如果工程较小，结构不太复杂，可在基础平面图中加上结构设计说明即可，不再另写。

（2）结构布局平面图。结构布置平面图是建筑承重结构的整体布置图。主要表示结构构件的位置、数量、型号、规格及相互关系。结构布置图可用结构平面图、剖面图表示，其中平面图使用较多。如基础平面布置图、楼层结构平面图、层面结构平面图、圈梁布置平面图等。

（3）构件详图。构件详图主要包括梁、板、柱等构件详图和楼梯、雨篷、阳台、屋架等结构节点详图。

（二）结构施工图绘制的标准与规范

和所有的园林工程建设图纸一样，结构施工图的绘制也应遵循一定的标准与规范。在工程实践中，我们一般根据结构施工图的内容，在绘制过程中，首先要求统一下述五方面的内容，按照绘制标准和统一规范进行，方能达到要求。

1. 结构施工图绘制的标准

绘制结构施工图，除应遵守《房屋建筑制图统一标准》中的基本规定外，还必须遵守《建筑结构制图标准》（BG105-87）。

2. 结构施工图中常用的代号及图例

（1）图线。结构施工图中各种图线的用法必须清晰明了。

（2）构件代号。在结构施工图中，构件种类繁多，布置复杂，为了方便阅读、简化标准，构件名称宜用代号表示，代号仍应用阿拉伯数学标注构件的型号和编号。

（3）定位轴线。结构施工图上的轴线及编号应与建筑施工图一致。

（4）尺寸标注。结构施工图上的尺寸应与建筑施工图相符合，但也不完全相同，结构施工图中所标注尺寸是结构的实际尺寸，但一般不包括结构表面粉刷层或面层的厚度。

（三）园林园路工程施工图

1. 园路概念及作用

园路是园林的脉络，是联系各个风景点的纽带。园路在园林中起着组织交通的作用，其更重要的功能是引导游览、组织景观、划分空间、构成园景。

道路的坡度要考虑排水效果，一般不小于 3%。纵坡一般不大于 8%。如自然地势过大，则要考虑采用台阶或礓礤。不同级别的道路的承载要求不同，因此要根据不同等级确定断面层数和材料。园路的作用如下：

（1）组织空间、引导游览。在公园中常常是利用地形、建筑、植物或道路把全园分隔成各种不同功能的景区，同时又通过道路，把各个景区联系成一个整体。这其中游览程序的安排，对中国园林来讲，是十分重要的。它能将设计者的造景序列传达给游客。中国园林不仅是“形”的创作，也是由“形”到“神”的一个转化过程。园林不是设计一个个静止的“境界”，而是创作一系列运动中的“境界”。游人所获得的是连续印象所带来的综合效果，是由印象的积累在思想情感上所带来的感染力。这正是中国园林的魅力所在。

（2）组织交通。园路对游客的集散、疏导，满足园林绿化，建筑维修、养护、管理等工作的运输工作，以及对安全、防火、职工生活、公共餐厅等园务工作的运输任务。对于小型公园，这些任务可综合考虑，对于大型公园，由于园务工作交通量大，可以设置专门的路线和入口。

（3）构成园景。园路优美的曲线，丰富多彩的路面铺装，可与周围的山、水、建筑、花草、树木、石景等景物紧密结合，不仅是“因景设路”，而且是“因路得景”。所以园路可行、可游，行游统一。

2. 园路分类

园路的构造要求基础稳定、基层结实、路面铺装自然美观。园路的宽度一般分为三级，即主干道、次干道和游步道。

(1)主干道贯穿全园各景区，多呈环状分布，是园林绿地道路系统的骨干，与园林绿地的主要出入口、各功能分区以及风景点相联系，也是各分区的分界线，形成整个绿地道路的骨架，不但供行人通行，也可在必要时通过车辆，宽度一般为3~4m。

(2)次干道是各景区内的主要游览交通路线，由主干道分出，直接联系各区及风景点的道路，一般宽度为2~3m。

(3)游步道是深入景区内游览和供游人漫步歇息的道路，双人游步道宽度为1.5~2m，单人游步道宽度为0.6~0.8m。

3. 园路路线平面图

园路根据类型不同也可分为规则式和自然式两大类。规则式讲究采用严谨整齐的几何式道路布局，突出人工的痕迹，此类在西方园林中应用比较多；自然式则恰好相反，崇尚自然，园路常出现流畅的线条，虽由人做却宛自天开，讲究含蓄美和自然美。

园林道路的平面是由直线和曲线组成的。规则式园路以直线为主，自然式园路以曲线为主。曲线形园路是由不同曲率、不同弯曲方向的多段弯道连接而成，其平面的曲线特征十分明显，就是在直线形园路中，其道路转折处一般也应设计为曲线的弯道形式。

路线平面图的任务是表达路线的线型(直线或曲线)状况和方向，以及沿线两侧一定范围内的地形和地物等。地形和地物一般用等高线和图例表示，图例画法应符合制图标准的规定。

路线平面图一般所用比例较小，通常采用1∶500~1∶2000的比例。所以在路线平面图中依道路中心画一条粗实线来表示道路。如比例较大，也可按路面宽画双线表示路线。新建道路用中粗线，原有道路用细实线。路线平面由直线段和曲线段(平曲线)组成。需注意的是，如路线狭长需要画在几张图纸上时，应分段绘制。路线分段应在整数里程桩断开。断开的两端应画出垂直于路线的接线图(点画线)。接图时应以两图的路线"中心线"为准，并将接图线重合在一起，指北针同向。每张图纸右上角应绘出角标，注明图纸序号和图纸总张数。

4. 线路纵断面图

园路纵断面，是指路面中心线的竖向断面。路面中心线在纵断面上为连续相折的直线，为使路面平顺，在折线的交点处要设置成竖向的曲线状，叫作园路的竖曲线。竖曲线的设置，使园林道路多有起伏，路景生动，视线俯仰变化，游览散步感觉舒适方便。

(1)园路纵断面设计的主要内容。

1)确定路线各处合适的标高。

2)设计各路段的纵坡及坡长。

3)保证视距要求，选择各处竖曲线的合适半径，设置竖曲线并计算施工高度等。

（2）园路纵断面设计的要求。

1）根据造景的需要，随地形的变化而起伏变化，并保证竖曲线线形平滑。

2）在满足造园艺术要求的情况下，尽量利用原地形，以保证路基的稳定，并减少土方量。

3）园路与相连的城市道路及广场、建筑入口等处在高程上应有合理的衔接。

4）园路应配合组织园内地面水的排除，并与各种地下管线密切配合。

（3）园路纵断面图。

路线纵断面图用于表示路线中心地面起伏状况。园路立面由直线和竖曲线（凸形竖曲线和凹形竖曲线）组成。路线纵断面图通常采用两种比例，如长度采用 1∶2000，高度采用 1∶200，相差 10 倍。路线纵断面图用粗实线表示顺路线方向的设计坡度线。地面线用细实线绘制，具体画法是将水准测量测得的各桩高程，按图样比例点绘在相应的里程桩上，然后用细实线顺序把各点连接起来，故纵断面图上的地面线为不规则曲折状。

设计线的坡度变更处，两相邻纵坡坡度之差超过规定数值时，变坡处需设置一段圆弧竖曲线来连接两相邻纵坡。应在设计线上方表示凸形竖曲线和凹形竖曲线，标出相邻纵坡交点的里程桩和标高，竖曲线半径、切线长、外距，竖曲线的起点和终点。路线上的桥涵构筑物和水准点都应按所在里程桩注在设计线上，标出名称、种类、大小、桩号等。

在图样的正下方还应绘制资料表，主要内容包括每段设计线的坡度和坡长，用对角线表示坡度方向，对角线上方标坡度，下方标坡长，水平段用水平线表示；每个桩号的设计标高和地面标高；平曲线（平面示意图），直线段用水平线表示，曲线用上凸或下凹图线表示，标注交角点编号、转折角和曲线半径。资料表应与路线纵断面图的各段一一对应[①刘延江，杨晓霞 . 园林建筑在园林建设中的重要作用探讨 [J]. 科技信息，2016(11).]。

5. 路基横断面图

园路一般有街道式和公路式两种构造形式。道路的横断面形式依据车行道的条数，通常可以分为一板块、二板块等几种形式，公园中的路多为一板块。通常在总体规划阶段会初步定出园路的分级、宽度及断面形式等，但在进行园路技术设计时仍需结合现场情况重新进行深入设计，选择并最终确定适宜的园路宽度和横断面形式。

园林宽度的确定应充分考虑所承载的内容。园路的横断形式最常见的为一块板形式，在面积较大的公园主路，偶尔会出现两块板的形式。园路的路面结构是多种多样的，一般由路面、路基和附属工程三部分组成。园路路面由面层、基层、结合层和垫层共四层构成，比城市道路简单。

路基横断面图一般有三种形式：填方段（称路堤）、挖方段（称路堑）和半填半挖路基。路基横断面图一般用 1∶50、1∶100、1∶200 的比例。通常画在透明方格纸上，便于计算土方量。沿道路路线一般每隔 20m 画一路基横断面图，沿着桩号从下到上、从左到右布置图形。

6. 园路附属工程

（1）道牙。道牙一般分为平道牙和立道牙两种形式。它们安置在路面两侧，使路面与路肩在高程上起衔接作用，并能保护路面，便于排水。道牙一般用砖或混凝土制成，在园林中也可以用瓦、大卵石、条石等。

（2）台阶。当路面坡度过大，为了便于行走，在不通行车辆的路段上，可以设置台阶，台阶的宽度与路面相同，每级台阶的高度为10~17cm，宽度为30~38cm。

一般台阶不宜连续使用，如地形许可，每10~18级后应设置一段平坦的地段，给人恢复体力的机会。

（3）种植池。在路边或广场上栽种树木，一般应留种植池，种植池的大小应由所栽种的植物的要求而定，一般为1.5m×1.5m。在栽种高大乔木的种植池外应设保护栅栏。

（4）明沟和雨水井。明沟和雨水井是为收集路面雨水而建的构筑物，在园林中常用砖块砌成。

7. 园路铺装工程

（1）园路铺装设计的内容及要求。园路铺装设计的内容应包括园路的纹样和图案设计；所使用的材料和结构设计；色彩搭配、尺度划分、组合变化和材料的强度、形式、耐久性、质感、环保性等。

1）路面应有装饰性，纹样设计要求色彩协调，考虑质感对比和尺度划分，同时图案设计要求个性。

2）园路路面应有柔和的光线和色彩，减少反光、刺眼的感觉。

3）路面应与地形、植物、山石等配合。在进行路面设计的时候，应与地形、置石等很好的配合，共同构成景色。园路与植物的配合，不仅能丰富景色，使路面变得生机勃勃，而且嵌草的路面还可以改变土壤的水分和通气状况。

4）在进行路面图案设计时，应与景区的意境相结合，既要根据园路所在的环境选择路面的材料、质感、形式、尺度，同时还要研究路面图案的寓意、趣味，使路面更好地成为园景的组成部分。

5）路面的铺装设计应符合生态环保的要求，包括所使用的材料本身是否有害，施工工艺的环保，采用的结构形式对周围自然环境的影响等。

（2）铺装详图。铺装详图用于表达园路的面层结构如断面形状、尺寸、各层材料、做法、施工要求和铺装图案。

（3）路面铺装形式。常见的园路路面包括花街路面（用砖、石板、卵石组成各种图案）、卵石路面、混凝土板路面、嵌草路面、雕刻路面等。

1）整体路面。①水泥混凝土路面。水泥混凝土路面是指用水泥、粗细骨料（碎石、卵石、砂等）、水按一定的配合比拌匀后，现场浇筑而成的路面。这种路面整体性好，耐压强度高，养护简单，便于清扫，在园林中多用于主干道。初凝之前，还可以在表面进行纹样加工；为增加色彩变化，可以添加不溶于水的无机矿物颜料。②沥青混凝土路面。沥青混凝土路面是指用热沥青、碎石和砂的拌合物现场铺筑而成的路面。用60~100mm

厚泥结碎石做基层，以 30~50mm 厚沥青混凝土做面层。沥青混凝土根据其骨料粒径大小，分细粒式、中粒式和粗粒式三种。这种路面颜色深，反光小，易于与深色的植被协调，但耐压强度和使用寿命均低于水泥混凝土路面，且夏季沥青有软化现象。在园林中，沥青混凝土路面多用于主干道。

2）块料路面。用规则或不规则的石材、砖、预制混凝土块做路面面层材料，一般结合层要用水泥砂浆，起路面找平和结合作用，其适用于园林中的游步道、次路等。①砖铺地。我国机制标准砖的大小为 240mm × 115mm × 53mm，有青砖和红砖之分。园林铺地多用青砖，风格朴素淡雅，施工简便，可以拼凑成各种图案，砖铺地适用于庭院和古建筑物附近。②乱石路。乱石路即用小乱石砌成石榴子形，比较坚实雅致。路的曲折高低，从山上到谷口都宜用这种方法。③卵石路。卵石路应用在不常走的道路上，主要满足游人锻炼身体之用，同时要用大小卵石间隔铺成为宜。砖卵石路面被誉为“石子画”，它是选用精雕的砖、细磨的瓦和经过严格挑选的各色卵石拼凑成的路面，图案内容丰富，有以寓言为题材的图案，有花、鸟、鱼、虫等。又如绘制成蝙蝠、梅花鹿和仙鹤、虎的图案，以象征福、禄、寿，成为我国园林艺术的特点之一。花港观鱼公园牡丹园中的梅影坡，即把梅树投影在路面上的位置用黑色的卵石砌成，此举在现代园林中颇有影响。④机制石板路。机制石板路，选深紫色、深灰色、灰绿色、酱红色、褐红色等岩石，用机械磨砌成 15cm × 15cm、厚为 10cm 以上的石板，表面平坦而粗糙，铺成各种纹样或色块，既耐磨又美观。⑤嵌草路面。嵌草路面，把不等边的石板或混凝土板铺成冰裂纹或其他纹样，铺筑时在块料预留 3~5cm 的缝隙，填入培养土，用来种草或其他地被植物。常见的有冰裂纹嵌草路面、梅花形混凝土板嵌草路面、花岗石板嵌草路面、木纹混凝土板嵌草路面等。

8. 园路工程施工图识读

园路工程施工图识读时对园路的具体做法、要求要进行说明。说明的具体内容包括：放线依据、路面强度、表面粗糙度、铺装缝线允许尺寸、路牙和路面结合部做法、路牙与绿地结合部高程及做法、异形铺装块与道牙衔接处理、正方形铺装块的折点转弯处做法。园路工程施工图识读，应注意以下几点：

（1）注意图名及图示比例。

（2）了解路宽及放线基准点和坐标。

（3）了解园路铺装情况，即根据不同功能来确定结构、材料、形状、花纹、铺装形式等。

（4）注意排水方向及雨水口位置。

（四）园林园桥工程施工图

1. 园林园桥分类

中国的自然山水园中，地形变化与水路相隔，非常需要桥来联系交通，组织游览路线。园桥的造型及选址要充分考虑其功能和所处环境的特点。

园桥的造型形式很多，结构形式也有多种。在规划设计中，完全可以根据具体环境的特点来灵活地选配具有各种造型的园桥。

常见的园桥造型形式,其主要分类见表2。

序号	种类	说明
1	平桥	平桥有木桥、石桥、钢筋混凝土桥等。桥面平整,结构简单,平面形状为一字形。桥边常不做栏杆或只做矮护栏。桥体的主要结构部分是石梁、钢筋混凝土直梁或木梁，也常见直接用平整石板、钢筋混凝土板作桥面而不用直梁的。
2	平曲桥	平曲桥基本情况和一般平桥相同。但桥的平面形状不为一字形，而是左右转折的折线形。根据转折数，可有三曲桥、五曲桥、七曲桥、九曲桥等。桥面转折多为90°直角，但也可采用129°钝角，有时还可用150°转角。平曲桥桥面设计为低而平的效果最好。
3	拱桥	拱桥常见的有石拱桥和砖拱桥，也有钢筋混凝土拱桥，但极少。拱桥是园林中造景用桥的主要形式，其材料易得。一般采用砖石或混凝土材料，价格便宜，施工方便；桥体的立面形象比较突出，造型可有很大变化；且圆形桥孔在水面的投影也十分好看，因此，拱桥在园林中应用极为广泛。
4	亭桥	在桥面较高的平桥或拱桥上，修建亭子，就称为亭桥。亭桥是园林水景中常用的一种景物，它既是供游人观赏的景点，又是可停留其中向外观景的观赏点。
5	廊桥	这种园桥与亭桥相似，也是在平桥或平曲桥上修建风景建筑，只不过其建筑是采用长廊的形式。廊桥的造景和观景作用与亭桥一样。
6	吊桥	吊桥是以钢索、铁链为主要结构材料（在过去，则有用竹索或麻绳的），将桥面悬吊在水面上的一种园桥形式。这类吊桥吊起桥面的方式又有两种：一种是全用钢索、铁链吊起桥面，并作为桥边扶手；另一种是在上部用大直径钢管做成拱形支架，从拱形钢管上等距地垂下钢制缆索，吊起桥面。吊桥主要用在风景区的河面上或山沟上面。
7	栈桥和栈道	架长桥为道路，是栈桥和栈道的根本特点。严格地讲，这两种园桥并没有本质上的区别，栈桥更多的是独立设置在水面上或地面上，而栈道则更多地依傍于山壁或岸壁。
8	浮桥	将桥面架在整齐排列的浮筒（或舟船）上，可构成浮桥。浮桥适用于水位常有涨落而又不便人为控制的水体中。
9	汀步	这是一种没有桥面，只有桥墩的特殊的桥，或者也可说是一种特殊的路。汀步是采用线状排列的步石、混凝土墩、砖墩或预制的汀步构件布置在浅水区、沼泽区、沙滩上或草坪上，形成能够行走的通道。

2. 拱桥构造

拱桥是园林中最常见的一种桥。特别是石拱桥,它具有刚性好、造型美观的优点。

拱桥一般由上部结构和下部结构两大部分组成。上部结构包括梁(或拱)、栏杆等,是拱桥的主体部分,要求既坚固又美观。下部结构包括桥台、桥墩等支撑部分,是拱桥的基础部分,要求坚固耐用,耐水流的冲刷。桥台、桥墩要有深入地基的基础,上面应采用耐水流冲刷材料,还应尽可能减少对水流的阻力。

3. 总体布置图

拱桥总体布置图包括立面图和平面图,立面图应主要有净跨径、净矢高、拱圈半径、桥顶标高、地面标高和基底标高、设计水位等的尺寸标注。

平面图一半表达外形，一半采用分层局部剖表达桥面各层构造。平面图还表达了栏杆的布置和檐石的表面装修要求。平面图应主要表示桥面宽、桥身宽、基底宽、侧墙基和栏板的宽等。

4. 构件详图

桥台详图表达桥台各部分的详细构造和尺寸、台帽配筋情况。横断面图表达拱圈和拱上结构的详细构造和尺寸以及拱圈和檐石望柱的配筋情况。在拱桥工程图中，栏杆望柱、抱鼓石、桥心石等都应画大样图来表达它们的样式。

5. 工程说明

用文字注写桥位所在河床的工程地质情况，也可绘制地质断面图，还应注写设计标高、矢跨比、限载吨位以及各部分的用料和施工要求等。

6. 园桥施工图识读

(1)看图必须由大到小、由粗到细。识读园桥施工图时，应先看设计说明和桥位平面、桥梁总体布置图，并且与桥梁的纵断面图和横断面图(即立面图)结合起来看，然后再看构造图、钢筋图和详图。

(2)仔细阅读设计说明或附注。凡是图样上无法表示而又直接与工程密切相关的一切要求，一般会在图样上用文字说明表达出来，因此必须仔细阅读。

(3)牢记常用符号和图例。为了方便，有时图样中有很多内容用符号和图例表示，因此一般常用的符号和图例必须牢记。这些符号和图例也已经成为设计人员和施工人员进行有效沟通的语言。

(4)注意尺寸标注单位。工程图样上的尺寸单位一般有三种：m、cm 和 mm。标高和桥位平面图一般用“m”，桥梁各部分结构的尺寸一般用“cm”，钢筋直径用“mm”。具体的尺寸单位，必须认真阅读图样的“附注”内容得到。

(5)不得随意更改图样。如果对于园桥工程图样的内容，有任何意见或者建议，应该向有关部门(一般是监理单位)提出书面报告，与设计单位协商，并由设计单位确认。

(五)园林水景工程施工图

1. 水景工程基本概念

水景工程，是与水体造园相关的所有工程的总称。它研究怎样利用水体要素来营造丰富多彩的园林水景形象。一般来说，水景工程主要包括喷泉工程、室内水景工程、园林水体建造工程及其岸坡工程等。其主要作用如下：

(1)水带作用。水面具有将不同的园林空间和园林景点联系起来，而避免景观结构松散的作用。这种作用叫作水面的系带作用，它有线型和面型两种表现形式。

1)将水作为一种关联因素，可以在散落的景点之间产生紧密结合的关系，互相呼应，共同成景。一些曲折而狭长的水面，在造景中能够将许多景点串联起来，形成一个线状分布的风景带。例如，扬州瘦西湖，其带状水面绵延数千米，一直达到平山堂；众多的景点或依水而建，或深入湖心，或跨水成桥，整个狭长水面和两侧的景点就好像一条翡翠项链。水体的这种方向性较强的串联造景作用，就是线型系带作用。

2）一些宽广坦荡的水面，如杭州西湖，则把环湖的山、树、塔、庙、亭、廊等景点景物和湖面上的苏堤、断桥、白堤、阮公墩等名胜古迹紧紧地联系在一起，构成了丰富多彩、优美动人的巨大风景画。园林水体这种具有广泛联系特点的造景作用，称为面型系带作用。

（2）统一作用。许多零散的景点均以水面作为联系纽带时，水面的统一作用就成了造景最基本的作用。如苏州拙政园中，众多的景点均以水面为底景，使水面处于全园构图核心的地位，所有景物景点都围绕着水面布置，使景观结构更加紧密，风景体系也呈现出来，景观的整体性和统一性就大大加强了。从园林中许多建筑的题名来看，也都反映了对水景的依赖关系（如倒影楼、塔影楼等）。水体的这种作用，还能把水面自身统一起来。不同平面形状和不同大小的水面，只要相互连通或者相互邻近，就可统一成一个整体。

（3）焦点作用。飞涌的喷泉、狂跌的瀑布等动态水景，其形态和声响很容易引起人们的注意，对人们的视线具有一种收聚、吸引的作用。这类水景往往就能够成为园林某一空间中的视线焦点和主景。这就是水体的直接焦点作用。作为直接焦点布置的水景设计形式有：喷泉、瀑布、水帘、水墙、壁泉等。

（4）基面作用。大面积的水面视域开阔，可作为岸畔景物和水中景观的基调、底面使用。当水面不大，但水面在整个空间中仍具有面的感觉时，水面仍可作为岸畔或水中景物的基面，产生倒影，扩大和丰富空间。如北京北海公园的琼华岛就有被水面托起浮水之感。

2. 水体类型

水体按形式可以分为自然式、规则式及混合式。自然式的水体是天然的或模仿天然形状的河、湖、涧、泉、瀑等，水体在园林中多随地形而变化。规则式的水体是人工开凿成几何形状的水面，如运河、水渠、方潭、园池、水井及几何形体的喷泉、瀑布等，常与雕塑、花坛、喷泉等组景。园林水体中的自然式水体是指边缘不规则、自然变化的水体，如保持天然或模仿天然形状的河、湖、池、溪、涧、泉、瀑等。这些水体随地形变化而变化，常与山石结合，也是我国园林传统的造园方法。

园林中的规则水体则是指水体四周边缘比较规则，并且具有明显的水体轴线，一般由人工开凿成几何形状的水环境。按水体线型又可分为流线型水池和几何形水池两种。前者如北海画舫斋和南京煦园的水面，后者如唐山西山道游憩绿地及南京江南光学仪器厂绿地水池。

园林中的混合式水体是自然式水体和规则式水体交替穿插形成的水环境。它吸收了两种水体的特点，使水体更富于变化，特别适用于水体组景。如苏州留园水面、无锡惠山第二泉庭院、颐和园扬仁风水景、北京国际贸易中心庭园水景及南京雨花台烈士陵园水景。园林水体还有根据使用功能划分的观赏性规则式水体及开展水上活动的水体。观赏性水体也称装饰性水池，是以装饰性构景为主的面积较小的水体。其特点是具有很强的可视性、透景性，常利用岸线、曲桥、小岛、点石、雕塑加强观赏性和层次感。水体可设计成喷泉、落水或种植水生植物兼养观赏鱼类等。

开展水上活动的水体指可以开展水上活动（如游船、游泳、垂钓、滑冰等）、具有一定面积的水环境。此类水体要求活动功能与观赏性相结合，并有适当的水深、良好的水质、较缓的坡岸及流畅的岸线。一般综合性公园中的湖泊均属于此类水体。

根据水流的状态可将水体分为静态水体和动态水体两种。

（1）静态水体是指园林中成片状汇聚的水面，常以湖、塘、池等形式出现。它的主要特点是安详、宁静、朴实、明朗，能反映出周围景物的倒影，微波荡漾，水光潋滟，给人以无穷的想象。其作用主要是净化环境、划分空间、丰富环境色彩、增加环境气氛。

（2）动态水体是就流水而言。流动的水具有活力和动感，令人振奋。形式上主要有溪涧、喷水、瀑布、跌水等。动态水体常利用水姿、水色、水声创造活泼、跳跃的水景景观，让人倍感欢快、振奋。

3. 水景景观效果及设计形式

（1）水体的设计形式。规则式水体都是由规则的直线岸边和有轨迹可循的曲线岸边围成的几何图形水体。根据水体平面设计上的特点，规则式水体可分为方形系列、斜边形系列、圆形系列和混合形系列等四类形状。

1）方形系列水体。这类水体的平面形状，在面积较小时可设计为正方形和长方形；在面积较大时，则可在正方形和长方形基础上加以变化，设计为亚字形、凸角形、曲尺形、凹字形、凸字形和组合形等。应当指出，直线形的带状水渠，也应属于矩形系列的水体形状。

2）斜边形系列水体。水体平面形状设计为含有各种斜边的规则几何形中，按顺序可列出三角形、六边形、菱形、五角形以及具有斜边的不对称、不规则的几何形。这类池形可用于不同面积的水体。

3）圆形系列水体。主要的平面设计形状有圆形、矩圆形、椭圆形、半圆形和月牙形等。

4）混合形系列水体。其是由圆形和方形、矩形相互组合变化出的一系列水体平面形状。

（2）自然式水体岸边的线型是自由曲线线型，由线围成的水面形状是不规则的和有多种变异的形状，这样的水体就是自然式水体。自然式水体主要可分为宽阔型和带状型两种。

1）宽阔型水体。一般的园林湖、池多是宽阔型的，即水体的长宽比值在 1∶1~3∶1 之间。水面面积可大可小，但不为狭长形状。

2）带状水体。水体的长宽比值超过 3∶1 时，水面呈狭长形状，这就是带状水体。园林中的河渠、溪涧等都属于带状水体。混合形系列水体是规则式水体形状与自然式水体形状相结合的一类水体形式。在园林水体设计中，以直线、直角为地块形状特征的建筑边线、围墙边线附近，为了与建筑环境相协调，常常将水体的岸线设计成局部的直线段和直角转折形式，水体在这一部分的形状就成了规则式的。而在距离建筑、围墙边线较远的地方，自由弯曲的岸线不再与环境相冲突，就可以完全按自然式来设计。

4. 水的表示方法

水的基本表现形式有静态的水与动态的水。静态的水常以面的表现形式出现，表现有规则式或自然式的水景池；动态的水在形式上又分为流水、落水和喷泉三大类。

在绘图时，水体轮廓线对自然水体以曲线表示，规则形水体以直线表示；对水体轮廓线内所画细实线，对不规则池岸的水体，细实线应绘得流畅自然，且线间距不等；对规则水体，细实线应画得规则整齐。

5. 水体施工图

园林水体设计包括：平面设计、立面设计、剖面结构设计和管线安装设计等内容。则园林水体施工图包括：平面图、立面图、剖面图、断面图、管线布置图和详图等图样。

（1）平面图。平面图主要表示水池的平面形状、布局及其周围环境、构筑物，以及地上、地下管线中心的距离；表示进水口、泄水口、溢水口的平面形状、位置和管道走向。若为喷水池或种植池，则还须表示出喷头和种植植物的平面位置。

水体图中，一般标注一些必要的尺寸和标高。其具体内容包括：

1）放线的基准点、基准线；

2）规则几何图形的轮廓尺寸，对自然式水池轮廓可用直角坐标网格控制；

3）水池与周围环境、构筑物及地上、地下管线距离的尺寸；

4）进水口、泄水口、溢水口等形状和位置的尺寸及标高，对自然水体最高水位、常水位、最低水位标高；

5）周围地形的标高和池岸岸顶、池岸岸底等处的标高；

6）池底转折点、池底中心等池底标高及排水方向；

7）对设有水泵的，则应标注泵房、泵坑的位置和尺寸，并注写出必要的标高。

（2）立面图。立面图表示水池立面设计内容，着重反映水池立面的高度变化、水池池壁顶与附近地面高差变化、池壁顶形状及喷水池的喷水立面。

（3）剖面图。剖面图表示剖面结构设计的有关内容，主要表示水池池壁坡高、池底铺砌以及从地基三池壁顶的断面形状、结构、材料和施工方法及要求；表示表层（防护层）和防水层的施工方法；表示池岸与山石、绿地、树木结合做法；表示池底种植水生植物做法等内容。剖面图的数量及剖切位置应根据内容的需要确定。剖面图上主要标注断面的分层结构尺寸及池岸、池底、进水口、泄水口、溢水口的标高。与江河连接的湖、溪等园林内部的水体，在剖面图上需表示出常水位、最高水位和最低水位高程。

6. 喷泉工程施工图

（1）喷泉景观的适用场所。

喷泉景观的分类和适用场所见表3。

喷泉景观的分类和适用场所

名称	主要特点	适用场所
壁泉	由墙壁、石壁和玻璃板上喷出，顺流而下形成水帘和多股水流	广场，居住区入口，景观墙，挡土墙，庭院
涌泉	水由下向上涌出，呈水柱状，高度0.6～0.8m，可独立设置，也可组成图案	广场，居住区入口，庭院，假山，水池
间歇泉	模拟自然界的地质现象	溪流，小径，泳池边，假山
旱地泉	将泉管道和喷头下沉到地面以下，喷水时水流落到广场硬质铺地上，沿地面坡度排出，平常可作为休闲广场	广场，居住区入口
跳泉	射流非常光滑稳定，可以准确落在受水口中，在计算机控制下，生成可变化颤抖和控制跳跃时间的水流	庭院，公园路边，休闲场所
跳球喷泉	射流呈光滑的水球，水球的大小和间歇时间可控制	庭院，公园路边，休闲场所
雾化喷泉	由多组微孔喷管组成，水流通过微孔喷出，看似雾状，多呈柱形和球形	庭院，广场，休闲场所
喷水盆	外观呈盆状，下有支柱，可分多级，出水系统简单，多为独立设置	公园路边，庭院，休闲场所
小口喷泉	从雕塑上的器具（罐、盆）和动物（鱼、龙等）口中出水，形象有趣	广场，雕塑，庭院
组合喷泉	具有一定规模，喷水形式多样，有层次，有气势，喷射高度高	广场，居住区入口

（2）喷泉的施工图

1）管道平面图。管道平面图主要是用以显示区域内管道的布置。一般游园的管道综合平面图常用比例为1：200～1：2000。喷水池管道平面图主要能显示清楚该小区范围内的管道，通常选用1：50～1：300的比例。管道均用单线绘制，称为单线管道图。但用不同的宽度和不同的线型加以区别。新建的各种给排水管用粗线，原有的给排水管用中粗线，给水管用实线，排水管用虚线等。

2）喷水池结构施工图。喷水池池体等土建构筑物的布置、结构、形状大小和细部构造用喷水池结构施工图来表示。喷水池结构施工图通常包括：表达喷水池各组成部分的位置、形状和周围环境的平面布置图，表达喷泉造型的外观立面图，表达结构布置的剖面图和池壁、池底结构详图或配筋图。

7. 瀑布施工图

瀑布属动态水体，有天然瀑布和人工瀑布之分。天然瀑布是由于河床突然陡降形成落水高差，形成千姿百态、优美动人的壮观景色。人工瀑布是以天然瀑布为基础，通过工程手段而修建的落水景观，瀑布落水的花式多种多样，常见的有直落、段落、分落、对落、布落、离落、滑落、壁落和连续落等。

瀑布一般由背景、上游水源、落水口、瀑身、承水潭和溪流五部分构成，人工瀑布常用以山体上的山石、树木为背景，上游积聚的水（或水泵提水）流至落水口。落水口也称瀑布口，其形状和光滑度影响到瀑布水态及声响。瀑身是观赏的主体，落水后形成深潭接小溪流出。

景观良好的瀑布具有以下特征：一是水流经过的地方常由坚硬扁平的岩石构成，瀑布边缘轮廓清晰可见；二是瀑布口多为结构紧密的岩石悬挑而出，水由泄水石倾泻而下，水力巨大，泥沙、细石及松散物均被冲走；三是瀑布落水后接水潭，潭的四周布满岩石和植物。

瀑布设计首要的问题是瀑布给水，必须提供足够的水源。瀑布的水源有三种：一是利用天然地形的水位差，这种水源要求建园范围内有泉水、溪、河道；二是直接利用城市自来水，用后排走，但投资成本高；三是水泵循环供水。

瀑布落水口处理是瀑布造型的关键，为保证瀑布效果，要求堰口水平光滑。为此，要重视堰口的设计与施工，以下三种方法能保证堰口有较好的出水效果。

（1）堰唇采用青铜或不锈钢制作；

（2）增加堰顶蓄水池水深；

（3）在出水管口处加挡水板，降低流速。流速不超过 0.9 ~ 1.2m/s 为宜。瀑布流经的岩石缝隙都必须封死，以免泥土冲刷至潭中，影响瀑布水质。

8. 驳岸施工图

（1）驳岸的概念。园林中的各种水体需要有稳定、美观的岸线，并使陆地与水面之间保持一定的比例关系，防止水岸坍塌而影响水体，因而应在水体的边缘修筑驳岸或进行护坡处理。

驳岸是一面临水的挡土墙，是支持陆地和防止岸壁坍塌的水工构筑物。驳岸用来维系陆地与水面的界限，使其保持一定的比例关系。如果水际边缘不做驳岸处理，就很容易因为水的浮托、冻胀或风浪淘刷而使岸壁塌陷，导致陆地后退，岸线变形，影响园林景观。驳岸能保证水体岸坡不受冲刷。通常水体岸坡受水冲刷的程度取决于水面的大小、水位的高低、风速及岸土的密实度等。当这些因素达到一定程度时，如水体岸坡不做工程处理，岸坡就将失去稳定性而造成破坏。因此要沿岸线设计驳岸，以保证水体坡岸不受冲刷。驳岸还可强化岸线的景观层次。驳岸除具支撑和防冲刷作用外，还可通过不同的形式处理，增加驳岸的变化，丰富水景的立面层次，增强景观的艺术效果。

驳岸可分为基础、中部和顶部三部分。根据驳岸成型特点，可分为整体式和自然式两种。其形式不同，在设计图的表达上也稍有差异。

在设计图上，一般以常水位线显示水面位置。对垂直驳岸，显然常水位线就是驳岸向水一侧所限定的位置，即驳岸平面投影重合于水面平面投影；对倾斜驳岸的水位线，根据倾斜度和岸顶高程向外推算求得，驳岸顶平面投影轮廓应比水面平面投影轮廓稍大。在平面图上，驳岸的平面位置根据直角坐标网格确定。

驳岸平面图的直角坐标网格的大小，应尽量选用与确定驳岸平面位置的规划图样的直角坐标网格一致。

（2）驳岸的形式。按照驳岸的造型形式将驳岸分为规则式驳岸、自然式驳岸和混合式驳岸三种。

规则式驳岸指用块石、砖、混凝土砌筑的几何形式的岸壁，如常见的重力式驳岸、半重力式驳岸、扶壁式驳岸等。规则式驳岸多属永久性的，要求较好的砌筑材料和较高的施工技术。其特点是简洁规整，但缺少变化。

自然式驳岸是指外观无固定形状或规格的岸坡处理，如常用的假山石驳岸、卵石驳岸。这种驳岸自然堆砌，景观效果好。

混合式驳岸是规则式与自然式驳岸相结合的驳岸造型。一般为毛石岸墙，自然山石岸顶。混合式驳岸易于施工，具有一定装饰性，适用于地形许可且有一定装饰要求的湖岸。

（3）驳岸的设计。

1）砌石类驳岸设计。砌石类驳岸是指在天然地基上直接砌筑的驳岸，埋设深度不大，但基址坚实稳固。如块石驳岸中的虎皮石驳岸、条石驳岸、假山石驳岸等。此类驳岸的选择应根据基址条件和水景景观要求确定，既可处理成规则式，也可做成自然式。

砌石驳岸的常见构造，由基础、墙身和压顶三部分组成。基础是驳岸承重部分，通过它将上部重力传给地基。因此，驳岸基础要求坚固，埋入湖底深度不得小于50cm，基础宽度则视土壤情况而定，砂砾土为（0.35～0.4）h，砂壤土为0.45h，湿砂土为（0.5～0.6）犺，饱和水壤土为0.75h。墙身处于基础与压顶之间，承受压力最大，包括垂直压力、水的水平压力及墙后土壤侧压力。因此，墙身应具有一定的厚度，墙体高度要由最高水位和水面浪高来确定，岸顶应以贴近水面为宜，便于游人亲近水面，并显得蓄水丰盈饱满。压顶为驳岸最上部分，宽度为30～50cm，用混凝土或大块石做成。其作用是增强驳岸稳定性，美化水岸线，阻止墙后土壤因冲刷而流失。

如果水体水位变化较大，即雨季水位很高，平时水位很低，为了岸线景观，可将岸壁迎水面做成台阶状，以适应水位的升降。

2）桩基类驳岸设计。桩基是我国古老的水工基础做法，在水利建设中得到广泛应用，直至现在仍是常用的一种水工地基处理手法。当地基表面为松土层且下层为坚实土层或基岩时最宜用桩基。其特点是：基岩或坚实土层位于松土层下，桩尖打下去，通过桩尖将上部荷载传给下面的基岩或坚实土层；若桩打不到基岩，则利用摩擦桩，借木桩侧表面与泥土间的摩擦力将荷载传到周围的土层中，以达到控制沉陷的目的。桩基驳岸结构，它由桩基、卡裆石、盖桩石、混凝土基础、墙身和压顶等几部分组成。卡裆石是桩间填充的石块，起保持木桩稳定的作用。盖桩石为桩顶浆砌的条石，作用是找平桩顶以便浇灌混凝土基础。基础以上部分与砌石类驳岸相同。

3）竹篱驳岸、板墙驳岸设计。竹桩驳岸和板桩驳岸是另一种类型的桩基驳岸。驳岸打桩后，基础上部临水面墙身由竹篱（片）或板片镶嵌而成，适于临时性驳岸。竹篱驳岸造价低廉，取材容易，施工简单，工期短，能使用一定年限，凡盛产竹子（如毛竹、大头竹、勤竹、撑篙竹）的地方都可采用。施工时，竹桩、竹篱要涂上一层柏油，目的是防腐。竹桩顶端由竹节处截断以防雨水积聚，竹片镶嵌直顺紧密牢固，由于竹篱缝很难做得密实，这种驳岸不耐风浪冲击、淘刷和游船撞击，岸土很容易被风浪淘刷，造成岸篱分开，最终失去护岸功能。因此，此类驳岸适用于风浪小、岸壁要求不高、土壤较黏的临时性护岸地段。

（4）驳岸施工图识读。驳岸平面图用来表示驳岸的平面位置、区段划分及水面形状、大小等内容，驳岸的断面图，主要用于表示驳岸向水一侧的纵向坡度的形状、结构、大小尺寸和标高、驳岸的建造材料、施工方法与要求等，以及湖（河）底、水位（包括最高水位、常水位和最低水位）和驳岸顶部、底部的位置和标高。

1）北京颐和园东堤与后溪河的驳岸。颐和园驳岸基本有两种，即昆明湖东堤的条石驳岸和后溪河的山石驳岸。因东堤外地面高程低于昆明湖常水位高程，且昆明湖面积大，风浪也较大，因此东堤相当于截水坝。鉴于这一带建筑布局都是整形式，采用花岗石做的条石驳岸。其外观整洁、坚固耐用，但造价昂贵。

颐和园条石驳岸断面结构图。由于湖面大，风浪高，因此驳岸顶比最高水位高出 1m 多。一般情况下，水不上岸，但风浪特大时，在东堤铜牛附近还有风浪拍到岸顶以上。条石驳岸自湖底至岸顶约为 1.7～2.0m。因为驳岸自重很大而湖底又有淤泥层或流沙层，因此湖底以下采取柏木桩基。桩呈梅花形排列，又称梅花桩。采用直径在 10cm 以上的圆柏木，长 1.6~1.7m，以打至坚实层为度。桩距约 20cm，桩间填石块以稳定木桩，桩顶浆砌条石。为颐和园后溪河山石驳岸的横断面结构图。这种山石驳岸也在知春亭、谐趣园等处使用。其柏木桩基同条石驳岸，只是后面城砖宽度为 50cm 左右。桩基顶面用条石压顶，条石上面浆砌块石。在常水位以下开始接以自然山石，常水位以上所见便都是山石外观。后溪河幽曲自然，配以山石驳岸与山景相称，与山脚衔接自然。山石驳岸还可滞留地面径流中的泥沙。山石驳岸又可与岸边置石、假山融为一体，时而扩展为泄山洪的喇叭口，时而成峡、成洞、出矶，增加自然山水景观的变化。

2）北京动物园驳岸。北京动物园的虎皮石驳岸。这也是在现代北京园林中运用较广泛的驳岸类型。北京的紫竹院公园、陶然亭公园多采用这种驳岸类型。其特点是在驳岸的背水面铺了宽约 50cm 的级配砂石带。因为级配砂石间多空隙，排水良好，即使有些积水，冰冻后也有空隙能容纳冻后的膨胀力，如此可以减少冻土对驳岸的破坏。湖底以下的基础用块石浇灌混凝土，使驳岸地基的整体性加强而不易产生不均匀沉陷。这种块石近郊可采。基础以上采用浆砌块石勾缝。水面以上形成虎皮石，外观朴素大方。岸顶用预制混凝土块压顶，向水面挑出 50cm，较美观。预制混凝土方砖顶面高出高水位 30~40cm。这也适合动物园水面窄、挡风的土山多、风浪不大的实际情况。驳岸并不是绝对与水平面垂直，可与水平面成 1：10 的角度。每间隔 15cm 设伸缩缝，以适应因气温变化造成的热胀冷缩。伸缩缝用涂有防腐剂的木板条嵌入，而上表面略低于虎皮石墙面，缝上以水泥砂浆勾缝就不明显了。虎皮石缝宽度以 1～3cm 为宜。石缝有凹缝、平缝和凸缝等不同做法。

3）上海园林的浆砌块石驳岸。上海园林的浆砌块石驳岸模式的剖面。其结构尺度显然比北京的小一些，无须防止冻胀破坏，而外观也显得小巧。由此可看出，南北方不同的气候、环境和人文条件所形成的不同地方特色。

9. 水景施工图识读

水景工程施工图主要有总体布置图和构筑物结构图。

（1）总体布置图。总体布置图主要表示整个水景工程各构筑物在平面和立面的布置情况。总体布置图以平面布置图为主，必要时配置立面图。

为了使图形主次分明，结构上的次要轮廓线和细部构造均省略不画，用图例或示意图表示这些构造的位置和作用。图中一般只注写构筑物的外形轮廓尺寸和主要定位尺寸，主要部位的高程和填挖方坡度。总体布置图的绘图比例一般为 1：200～1：500。总体布置图的主要内容如下：

1）工程设施所在地区的地形现状、河流及流向、水面、地理方位等；

2）各工程构筑物的相互位置、主要外形尺寸、主要高程；

3）工程构筑物与地面交线、填挖方的边坡线。

（2）构筑物结构图。结构图是以水景工程中某一构筑物为对象的工程图，包括结构布置图、分部和细部构造图以及钢筋混凝土结构图。构筑物结构图必须把构筑物的结构形状、尺寸大小、材料、内部配筋及相邻结构的连接方式等都表达清楚。结构图包括平、立剖面图，详图和配筋图，绘图比例一般为 1：5～1：100。构筑物结构图主要内容如下：

1）表明工程构筑物的结构布置、形状、尺寸和材料；

2）表明构筑物各分部和细部构造、尺寸和材料；

3）表明钢筋混凝土结构的配筋情况；

4）工程地质情况及构筑物与地基的连接方式；

5）相邻构筑物之间的连接方式；

6）附属设备的安装位置；

7）构筑物的工作条件，如常水位和最高水位等。

（六）园林种植施工图

1. 园林种植施工图内容

绿化种植工程施工图，是表示园林种植植物的种类、数量、规格及种植规格和施工要求的图样，是种植施工、定点放线的主要依据。施工图的内容包括以下两点：

（1）在图样上用图形、符（代）号和文字表示种植植物的种类、数量和规格；

（2）在图样上用图形、符（代）号和文字表示种植植物的种植规格和位置。

2. 树木的表示方法

在园林工程图中，对树木的表示主要包括树木的种类、树木的形状、树木的大小和树木的位置四方面的内容，一般通过树木的平面图和立面图来表示。

（1）树木的平面图。

1）种类的表示。树木的种类，在平面图中以树冠线平面符号表示。在同一图样中，对不同种类的树木，树冠线平面符号应采用变化的不同线条画出；树木种类相同，树冠线平面符号也相同。对各类树木的表示，没有具体的标准可循，因此，树冠线平面图符号的变化线条一般是根据所表示的树木的树叶形状进行推敲、抽象、简化。

2）形状及大小的表示。在平面图上，树木的形状是通过描绘树冠线平面符号来表示的。对有些规则变化的树木，一般按比例用一定的线条描绘出象征性圆圈作为树冠线平面符号；对不规则形状的树木，则按一定构思描绘出不同规则的树冠线平面符号。

树木的大小，通常是用树木树冠线平面符号的大小来表示。表示哪一种树木或同一种树木描绘为哪一种成形效果，要根据设计意图、图纸用途、图面要求确定，并根据所表示树木树龄应有的树干和树冠的直径按比例画出。对所示树木的成形效果，没有特别要求时，一般从以下几方面考虑确定：①若表示施工当时的成形效果，则按苗木出圃时的规格绘出。一般取干径 1 ~ 4cm，树冠径 1 ~ 2m。②若表示现状树，则根据现状实际成形效果，按比例表示。③对原有大树、孤立树，可根据图纸的表现要求，将树冠径适当描绘得大一些。④除上述几种情况外，一般按施工后若干年时成形效果尺寸表示。

（2）树木的立面图。

树木在立面上的画法，既可用以实物为对象进行描绘的写生法，也可用只强调树冠轮廓，省略细部或在细部位置以一些装饰性线条表示的所谓图案法描绘，由于树枝和树干的倾斜角度不同，树木的立面图也可用枝干形态和树冠形态两种方法表示。

3. 灌木和花卉的表示方法

灌木与乔木不同，灌木植株矮小，近地面处枝干丛生，具有体形小、形变多、株植少、片植多等特点。

（1）灌木的平面图。

灌木体形小、形变多、株植少、片植多，在平面图上表示时，与乔木基本相同，即用一定变化的线条描绘出象征性的圆圈作为树冠线平面符号，并在树冠中心位置画出“黑点”表示种植位置；对片植的灌木，则用一定变化的线条表示灌木的冠幅边。

（2）灌木的立面图。

灌木在立面图上较少用写实描绘表示，一般只用有一定变化的线、点或简单图形描绘灌木（丛）冠的轮廓线，再在轮廓线内按花叶的排列方向，根据光影效果画出有一定变化的线、点或简单图形，表示出花叶，分出空间层次表示空间感。

（3）灌木的表示方法。

灌木在投影图上的表示方法与乔木的表示方法大致相同，但由于灌木本身的特点，特别是对丛生而又片植的灌木，其绘图方法与乔木又有所区别。同样的，绘图前，首先对所描绘的对象进行详细的观察、分析，抓住灌木的树形轮廓特征和片植灌木的树冠特征，概括枝叶特点，然后用有一定变化的线、点或简单图形描绘出树形，反映出灌木的区别和特点。

（4）花卉的表示方法。

花卉种类繁多，在平面图上的表示方法也很多，一般可用连续曲线描绘出花卉表示花带，也可用自然曲线描绘出花卉种植的范围，然后在中间用小圆圈或变化曲线表示花卉。

4. 种植工程施工图要求

园林种植工程一般有孤植、丛植、群植、带植、花池、草地、蔓生等方法。由于园林的组成除了景栽之外，还包括园路、活动场地及园林建筑（亭、廊、花架）、水池、喷水池、栏杆、坐凳、假山石等园林设施，由于园林景栽配置方法较多，且同一空间又以数种景栽配置方法组合，为了反映植物的高低配置要求及设计效果，往往还要绘出立面图和鸟瞰透视图（效果图）。对于个别构造，必要时还须绘出局部放大图或剖面图。

园林种植工程施工图对各种图样的要求和表达内容如下：

（1）平面图。

1）标明施工放线的基准点、基准线。

2）表示各种园林植物的品种、数量，并标明施工放线的依据。平面图应表示出各种园林植物的品种、数量，图中用编号说明，在施工图中常用文字直接说明；标明现状保留的树、古树、名木；标明各种园林植物品种、数量的实际距离尺寸和位置；自然式种植可以用直角坐标网格控制距离和位置，方格网可采用（2m × 2m）~（10m × 10m）的方格，其方向尽量与测量图坐标网格的方向一致。

3）标明与地形、地貌的关系。平面图应标明与周围环境，如建筑物、构筑物及地上、地下各种管线的距离尺寸；对重点地区的种植设计图，为了表示与地形的关系，可将地形图同时标明。

4）如以后需调整树木密度，应注明要移走的种类、数量。

5）平面图的比例为（1 : 100 ~ 1 : 500）。

（2）立面图与剖面图。

立面图与剖面图表示的主要内容如下：

1）在竖向上表明各园林植物之间的关系；园林植物与周围环境，如建筑物、构筑物、山石及各种地上、地下管线等设施的位置、距离和高程，以及园林植物的高度限制和植物栽植土层厚度等之间的关系。

2）表明施工时准备选用的园林植物的高度、体形。立面图与剖面图的比例可选择1∶20～1∶50。

（3）局部放大图。

1）表示重点树丛、树种的关系；古树、名木周围的处理和覆盖混合种植详细尺寸。要注意在规划中采取有效的工程技术措施保护古树、名木。在其保护范围内，不得设置永久或临时建筑物、构筑物及架（埋）设各种管线；在保护范围之外也不得设置影响古树、名木正常生长的障碍性设施。

2）花池的详细花纹。

3）与山石的关系。

4. 种植工程施工图识读

种植工程施工图识读的主要目的是明确工程设计意图，即明确绿化的目的与任务，绿化施工完后应达到的效果。通过对图纸及有关资料的阅读，一方面评定设计方案是否合理，表达是否确切；另一方面，明确工程性质、范围和任务量，做出工程预算，为施工过程兑现图示要求提供依据和保证，使工程施工达到设计要求，体现设计意图。主要注意以下几方面内容：

（1）根据图示各种植物的图例和注写说明、代号及苗木统计表，了解图示植物的种类、名称和数量，检查表达是否正确、明确。

（2）根据图示植物的种类、数量、种植形式和配置方法，分析是否与整个环境协调，是否符合功能要求，研究是否需要调整。

（3）根据图示植物种植位置，分析植物栽植位置规划与现有或规划的各种建筑物、构筑物和其他地上物和市政管线的配置安排是否协调、合理，是否矛盾。它们之间的距离是否符合规范要求，是否需要调整。

（4）根据图示所标注的种植规格尺寸和定位尺寸，分析并明确植物的种植位置及定点放线的基准，保证园林植物配置有适宜的密度和各种类型植物良好的群落关系。

在上述几方面都明确，确认工程设计合理、表达确切无误后，以图样为根据开始施工前的准备以及施工进程的安排，并于施工后检验工程施工的质量。

（七）园林假山工程施工图

1. 假山的类型与作用

假山是中国古典园林中不可缺少的构成要素之一，也是中国古典园林最具民族特色的一部分，作为园林的专项工程之一，已成为中国园林的象征。所谓"假山"，彭一刚先生在《中国古曲园林分析》中做了阐述："园林中的山石是对自然山石的艺术摹写。"为此，又常称"假山"，它不仅源于自然，且凝聚着造园家的艺术创造。

（1）假山的类型。

1）按在园林中的位置和用途可分为园山、厅山、楼山、阁山、书房山、池山、室内山、壁山和兽山。

2)按假山的组合形态分为山体和水体,山体包括峰、峦、顶、岭、谷、壑、岗、壁、岩、岫、洞、坞、麓、台、磴道和栈道;水体包括泉、瀑、潭、溪、涧、池、矶和汀石等。山水宜结合一体,才相得益彰。

(2)假山的作用。

1)骨架功能。利用假山形成全园的骨架,现存的许多中国古代园林莫不如此。整个园子的地形骨架、起伏、曲折皆以假山为基础来变化。

2)空间功能。利用假山,可以对园林空间进行分隔和划分,将空间分成大小不同、形状各异、富于变化的形态。通过假山的穿插、分隔、夹拥、围合、汇聚,在假山区可以创造出路的流动空间、山坳的闭合空间、峡谷的纵深空间、山洞的拱穹空间等各具特色的空间形式。

3)造景功能。假山景观是自然山地景观在园林中的再现。自然界奇峰异石、悬崖峭壁、层峦叠嶂、深峡幽谷、泉石洞穴、海岛石礁等景观形象,都可以通过假山石景在园林中再现。

4)工程功能。用山石作驳岸、挡土墙、护坡和花台等。在坡度较陡的土山坡地常散置山石以护坡,这些山石可以阻挡和分散地面径流,降低地面径流的流速,从而减少水土流失。

5)使用功能。可以用假山作为室内外自然式的家具或器设。如石屏风、石榻、石桌、石几、石凳、石栏等,既不怕日晒夜露,又可结合造景。

2. 假山的基本结构

假山的造型变化万千,一般经过选石、采运、相石、立基、拉底、堆叠中层和结顶等工序叠砌而成。其基本结构与建造房屋有共同之处,可分为以下三大部分:

(1)假山基础。假山的基础如同房屋的根基,是承重的结构。因此,无论是承载能力,还是平面轮廓的设计都非常重要。基础的承载能力是由地基的深浅、用材、施工等方面决定的。地基的土壤种类不同,承载能力也不同。岩石类,50 ~ 400t/m2;碎石土,20 ~ 30t/m2;砂土类,10 ~ 40t/m2;黏性土,8 ~ 30t/m2;杂质土承载力不均匀,必须回填好土。根据假山的高度,确定基础的深浅,由设计的山势、山体分布位置等确定基础的大小轮廓。假山的重心不能超出基础之外,重心偏离铅垂线,稍超越基础,山体倾斜时间长了,就会倒塌。

现在的假山基础多用浆砌水泥或混凝土结构。这类基础承载能力大,能耐强大的压力,施工速度较快。在基土坚实的情况下可采用素土槽浇灌混凝土,开槽时,在实际基础外 50 ~ 60cm 开挖,槽深 50 ~ 60cm。混凝土的厚度在陆地上为 10~20cm,在水中为 50~60cm。假山超过 2m 时,可以适当增厚。混凝土强度等级,陆地上不低于 C10,水泥、砂子和卵石混合的质量比为 1∶2∶4 ~ 1∶2∶6。水中假山基础采用 C15 水泥砂浆砌块石或 C20 素混凝土作基础。

(2)假山中层。假山的中层指底石之上、顶层以下的部分,这部分体量大,占据了假山相当一部分高度,是人们最容易看到的地方。

(3)假山顶层最顶层的山石部分。外观上,顶层起着画龙点睛的作用,一般有峰、峦和平顶三种类型。

1)峰。剑立式,上小下大,有竖直而挺拔高耸之感;斧立式,上大下小,如斧头倒立,稳重中存在险意;斜壁式,上小下大,斜插如削,势如山岩倾斜,有明显动势。

2)峦。山头比较圆缓的一种形式,柔美的特征比较突出。

3)平顶。山顶平坦如盖,或如卷云、流云。这种假山整体上大下小,横向挑出,如青云横空,高低参差。

3. 假山山体施工

(1)假山山脚施工。假山山脚是直接落在基础之上的山体底层,包括拉底、起脚和做脚等施工内容。

1)拉底的方式。拉底是指用山石做出假山底层山脚线的石砌层,即在基础上铺置最底层的自然山石。拉底的方式有满拉底和线拉底两种,具体规定如下:①满拉底是将山脚线范围之内用山石满铺一层。这种方式适用于规模较小、山底面积不大的假山,或者有冻胀破坏的北方地区及有振动破坏的地区。②线拉底是按山脚线的周边铺砌山石,而内空部分用乱石、碎砖、泥土等填补筑实。这种方式适用于底面积较大的大型假山。

2)拉底施工。①拉底应用大块平整山石,坚实、耐压,不允许用风化过度的山石。底层山脚石应选择大小合适、不易风化的山石。②拉底山石高度以一层大块石为准,有形态的好面应朝外,注意错缝(垂直与水平两个方向均应考虑到)。③每安装一块山石,即应将刹垫稳,然后填陷,如灌浆应先填石块,如灌混凝土则应随灌随填石块,山脚垫刹的外围,应用砂浆或混凝土包严。北方多采用满拉底石的做法。④各山石之间要紧密咬合。每块山脚石必须垫平垫实,不得有丝毫摇动。拉底的边缘要错落变化,避免做成平直和浑圆形状的脚线。

3)起脚施工。拉底之后,开始砌筑假山山体的首层山石层叫"起脚"。起脚时,定点、摆线要准确,先选到山脚突出点的山石,并将其沿着山脚线先砌筑上,待多数主要的凸出点山石都砌筑好后,再选择和砌筑平直线、凹进线处所用的山石。这样,既保证了山脚线按照设计而成弯曲转折状,避免山脚平直,又使山脚突出部位具有最佳的形状和最好的皴纹,增加了山脚部分的景观效果。

4)做脚施工。做脚,就是用山石砌筑成山脚,它是在假山的上面部分山形山势大体施工完成以后,于紧贴起脚石外缘部分拼叠山脚,以弥补起脚造型不足的一种操作技法。山脚石起脚边线的做法常用的有:点脚法、连脚法和块面法。①点脚法。即在山脚边线上,用山石每隔不同的距离作墩点,用片块状山石盖于其上,做成透空小洞穴。这种做法多用于空透型假山的山脚。②连脚法。即按山脚边线连续摆砌弯弯曲曲、高低起伏的山脚石,形成整体的连线山脚线。这种做法各种山形都可采用。③块面法。即用大块面的山石,连线摆砌成大凸大凹的山脚线，使凸出凹进部分的整体感都很强。这种做法多用于造型雄伟的大型山体。

(2)山石吊装与运输。吊装与运输是假山叠石工程中一项重要的操作技术。零星山石起吊主要运用起吊木架、滑轮和绞盘或吊链组成不同起吊机构，结合人力进行起重。由于石材体量不一，常用的起吊构架有秤杆、滑车、龙门扒杆等。工程量较大时宜采用机械吊车施工。

水平运输大致可分大搬运、小搬运及走石三个阶段。大搬运是从采石地点运到施工堆料场；小搬运是从堆料地点运到叠筑假山的大致位置上；走石是指在叠筑时使山石做短距离的平移或转动。大搬运一般采用汽车机械运输，小搬运常用人工抬运。

(3)山石堆叠施工。山体施工时，应按设计要求采用不同的堆叠方法，如安、榫、连、扎、接、填、补、斗、缝、垫、挎、拼等一系列方法。本节简述以下几种：

1)安。是安置山石的总称。放置一块山石叫“安”一块山石。特别强调山石放下去要安稳。安可分为单安、双安和三安。双安指在两块不相连的山石上面安一块山石，下断上连，构成洞、岫等变化。三安则是在三块山石上安一石，使之成为一体。安石要“巧”。形状普通的山石，经过巧妙的组合，可以明显提高观赏性。

2)榫。是以石加工成榫拼接。

3)连。山石之间水平方向的连接，称为“连”。按照假山的要求，高低参差，错落相连。连石时，一定要按照假山的皴纹分布规律，沿其方向依次进行，注意山石的呼应、顺次、对比等关系。

4)扎。是将石穿扎或捆扎。

5)支撑与捆扎。山石吊装到山体一定位点上，经过调整后，可使用木棒支撑将山石固定在一定的状态，使山石临时固定下来。以木棒的上端顶着山石的凹处，木棒的下端则斜着落在地面，并用一块石头将棒脚压住。一般每块山石都要用2~4根木棒支撑。此外铁棍或长形山石，也可作为支撑材料。

山石的固定，还可采用捆扎的方法。山石捆扎固定一般采用8号或10号钢丝。用单根或双根钢丝做成圈，套上山石，并在山石的接触面垫上或抹上水泥砂浆后再进行捆扎。捆扎时钢丝圈先不必收紧，应适当松一点；然后再用小钢钎(錾子)将其绞紧，使山石固定，此方法适用于小块山石，对大块山石应以支撑为主。

(4)山石勾缝和胶结。

1)结构材料。古代假山结构材料主要是以石灰为主，用石灰作胶结材料时，为了提高石灰的胶合性，加入一些辅助材料，配制成纸筋石灰、明矾石灰、桐油石灰和糯米浆拌石灰等。纸筋石灰凝固后硬度和韧性都有所提高，且造价相对较低。桐油石灰凝固较慢，造价高，但黏结性能良好，凝固后很结实，适宜小型石山的砌筑。明矾石灰和糯米浆石灰的造价较高，凝固后的硬度很大，黏结牢固，是较为理想的胶合材料。

现代假山施工基本上全用水泥砂浆或混合砂浆来胶合山石。水泥砂浆的配制，是用普通灰色水泥和粗砂，按 1∶1.5～1∶2.5 比例加水调制而成，主要用来黏合石材、填充山石缝隙和为假山抹缝。有时，为了增加水泥砂浆的和易性和对山石缝隙的充满度，可以在其中加进适量的石灰浆，配成混合砂浆。

2）胶结操作要点。

1）胶结用水泥砂浆要现配现用；待胶合山石石面应事先刷洗干净。

2）待胶合山石石面都应涂上水泥砂浆（混合砂浆），并及时互贴合、支撑捆扎固定。

3）胶合缝应用水泥砂浆（混合砂浆）补平、填平、填满。胶合缝与山石颜色相差明显时，应用水泥砂浆（混合砂浆硬化前）对胶合缝撒布同色山石粉或砂子进行变色处理。

4. 假山工程施工图

为了清楚地反映假山设计，便于指导施工，通常要做假山施工图，假山施工图是指导假山施工的技术性文件。通常一幅完整的假山施工图主要包括平面图、剖面图、立面图、做法说明与预算等部分。

（1）平面图。

1）假山工程施工平面图包括以下内容：①假山的平面位置、尺寸。②山峰、制高点、山谷、山洞的平面位置、尺寸及各处高程。③假山附近地形及建筑物、地下管线及与山石的距离。④植物及其他设施的位置、尺寸。⑤图纸的比例尺一般为 1∶20～1∶50，度量单位为 mm。

2）绘制要求。

①画出定位轴线。画出定位轴线和直角坐标网格，为绘制各高程位置的水平面形状及大小提供绘图控制基准。②画出平面形状轮廓线。底面、顶面及其间各高程位置的水平面形状，根据标高投影法绘图，但不注明高程数字。③检查底图，并描深图形。在描深图形时，对山石的轮廓应根据前面讲述的山石的表示方法加深，其他图线用细实线表示。④注写有关数字和文字说明。注明直角坐标网格的尺寸数字和有关高程，注写轴线编号、剖切线、图名、比例及其他有关文字说明和朝向。⑤检查并完成全图。

（2）立面图。

立面图是在与假山立面平行的投影面所做的投影图。立面图是表示假山的造型及气势最好的施工图，一般也可绘制出类似造型效果图的示意图或效果图代替。假山工程施工立面图包括以下内容：

1）假山的层次、配置形式。

2）假山的大小及形状。

3）假山与植物及其他设备的关系。

立面图绘制要求如下：

①画出定位轴线，并画出以长度方向尺寸为横坐标、以高程尺寸为纵坐标的直角坐标网格，作为绘图的控制基准。②画假山的基本轮廓。绘制假山的整体轮廓线，并利用切割或垒叠的方法，逐渐画出各部分基本轮廓。③依廓加皴、描深线条。根据假山的形

状特征、前后层次、阴阳背向，依廓加皴，描深线条，体现假山的气势和质感。④注写数字和文字。注写坐标数字、轴线编号、图名、比例及有关文字说明。⑤检查并完成全图。

（3）剖面图。

1）假山工程施工剖面图包括以下内容：①假山各山峰的控制高程。②假山的基础结构。③管线位置、管径。④植物种植池的做法、尺寸、位置。

2）绘制要求：①画出图表控制线。图中如有定位轴线则先画出定位轴线，再画出直角坐标网格。②画出截面轮廓线。③画出其他细部结构。④检查底图并加深图线。在加深图线时，截面轮廓线用粗实线表示，其他用细实线画出。⑤标注尺寸，注写标高及文字说明。注写直角坐标值和必要的尺寸及标高，注写出轴线编号、图名、比例及有关文字说明。⑥检查并完成全图。

（4）做法说明。

在假山工程施工图中，根据需要应对下列各项具体做法进行说明：

1）山石形状、大小、纹理、色泽的选择原则。

2）山石纹理处理方法。

3）堆石方法。

4）接缝处理方法。

5）山石用量控制。

5. 假山工程施工图识读

假山工程施工图识读时应注意以下几点：

（1）了解假山、山石的平面位置，周围地形、地貌及占地面积和尺寸；

（2）了解假山的层次、山峰制高点，山谷、山洞的平面位置、尺寸和控制高程；

（3）了解山石配置形式、假山的基础结构及做法；

（4）了解管线及其他设备的位置、尺寸；

（5）了解假山与附近地形、地貌及其他设备的位置和尺寸关系。

（八）园林给排水施工图

1. 园林给排水分类

园林是群众休息游览的场所，同时又是树木、花草较集中的地方。由于游人活动的需要、植物养护管理及水景用水的补充等，园林绿地的用水量是很大的。所以解决好园林的用水问题是一项十分重要的工作。园林中用水大致可分为以下几方面：

（1）生活用水。如餐厅、内部食堂、茶室、小卖部、消毒饮水器及卫生设备等的用水。

（2）养护用水。包括植物灌溉、动物笼舍的冲洗及夏季广场园路的喷洒用水等。

（3）造景用水。各种水体，如溪涧、湖泊、池沼、瀑布、跌水、喷泉等的用水。

（4）消防用水。园林中的古建筑或主要建筑周围应设消防栓。

园林中用水除生活用水外，其他方面用水的水质要求可根据情况适当降低。例如无害于植物，不污染环境的水都可用于植物灌溉和水景用水的补给。如条件许可，这类用水可取自园内水体；大型喷泉、瀑布用水量较大，可考虑自设水泵循环使用。园林给水工程的任务就是经济、合理、安全可靠地满足以上四个方面的用水需求。

2. 园林给排水管网布置

（1）园林给水管网的布置。园林给水管网布置除了要了解园内用水的特点外，园林四周的给水情况也很重要，它往往影响管网的布置方式。一般小型园林的给水可由一点引入。但对较大型的园林，特别是地形较复杂的园林，为了节约管材，减少水头损失，有条件的最好多点引水。园林管网的布置形式主要有以下两种：

1）树枝式管网。这种布置方式较简单，省管材。布线形式就像树干分杈分枝，它适合于用水点较分散的情况，对分期发展的园林有利。但树枝式管网供水的保证率较差，一旦管网出现问题或需维修时，影响用水范围较大。

2）环状管网。环状管网是把供水管网闭合成环，使管网供水能互相调剂。当管网中的某一管段出现故障时，也不致影响供水，从而提高了供水的可靠性。但这种布置形式较费管材，投资较大。给水管网的布置要点如下：①干管应靠近主要供水点。②干管应靠近调节设施（如高位水池或水塔）。③在保证不受冻的情况下，干管宜随地形起伏铺设，避开复杂地形和难于施工的地段，以减少土石方工程量。④干管应尽量埋设于绿地下，避免穿越或设于园路下。⑤和其他管道按规定保持一定距离。

（2）园林排水管网的布置。将园林中的天然降水、生产废水、游乐废水和生活污水从产生地点收集、输送和排放的基本方式，称为排水系统的体制（简称排水体制）。

分流制排水体制的特点是"雨、污分流"。因为雨雪水、园林生产废水、游乐废水等污染程度低，不需净化处理就可直接排放，为此而建立的排水系统，称为雨水排水系统。为生活污水和其他需要除污净化后才能排放的污水另外建立的一套独立的排水系统，则称为污水排水系统。两套排水管网系统虽然是一同布置，但互不相连，雨水和污水在不同的管网中流动和排出。

合流制排水特点是"雨、污合流"。排水系统只有一套管网，既排雨水又排污水。这种排水体制已不适于现代城市环境保护的需要，所以在一般城市排水系统的设计中已不再采用。但是，在污染负荷较轻，没有超过自然水体环境的自净能力时，还是可以酌情采用的。一些园林的水体面积较大，水体的自净能力完全能够消化园内有限的生活污水，为了节约排水管网建设的投资，就可以在近期考虑采用合流制排水系统，待以后污染加重了，再改造成分流制系统。

排水管网的布置形式如下：

1）正交式布置。当排水管网的干管总走向与地形等高线或水体方向大致呈正交时，管网的布置形式就是正交式。这种布置方式适用于排水管网总走向的坡度接近于地面坡度和地面向水体方向较均匀地倾斜时。采用这种布置，各排水区的干管以最短的距离通到排水口，管线长度短，管径较小，埋深小，造价较低。在条件允许的情况下，应尽量采用这种布置方式。

2）截流式。在正交式布置的管网较低处，沿着水体方向再增设一条截流干管，将污水截流并集中引到污水处理站。这种布置形式可减少污水对于园林水体的污染，也便于对污水进行集中处理。

3）扇形式。在地势向河流湖泊方向有较大倾斜的园林中，为了避免因管道坡度和水的流速过大而造成管道被严重冲刷的现象，可将排水管网的主干管布置成与地面等高线或与园林水体流动方向相平行或夹角很小的状态。这种布置方式又称为平行式布置。

4）分区式。当规划设计的园林地形高低差别很大时，可分别在高地形区和低地形区各设置独立的、布置形式各异的排水管网系统，这种形式就是分区式布置。低区管网可按重力自流方式直接排入水体的，则高区干管可直接与低区管网连接。如低区管网的水不能依靠重力自流排出，那么就将低区的排水集中到一处，用水泵提升到高区的管网中，由高区管网依靠重力自流方式把水排出。

5）辐射式。在用地分散、排水范围较大、基本地形是向周围倾斜的和周围地区都有可供排水的水体时，为了避免管道埋设太深和降低造价，可将排水干管布置成分散的、多系统的、多出口的形式。这种形式又叫分散式布置。

6）环绕式。环绕式布置是将辐射式布置的多个分散出水口用一条排水主干管串联起来，使主干管环绕在周围地带，并在主干管的最低点集中布置一套污水处理系统，以便污水的集中处理和再利用。

3. 给排水施工图内容及特点

（1）给排水施工图的内容。给排水施工图可分为室内给排水施工图与室外给排水施工图两大类，它们一般都由基本图和详图组成。基本图包括管道平面布置图、剖面图、系统轴测图（又称管道系统图）、原理图及说明等。

详图要求表明各局部的详细尺寸及施工要求。室内给排水施工图表示建筑物内部的给水工程和排水工程（如厕所、浴室、厨房、锅炉房、实验室等），主要包括平面图、系统图和详图。室外给排水施工图表示一个区域或一个厂区的给水工程设施（如水厂、水塔、给水管网等）和排水工程设施（如排水管网、污水处理厂等），主要包括管道总平面图、纵断面图和详图。

（2）常用的给排水图例。给排水施工图是施工图的一个重要组成部分。给排水工程包括给水和排水工程两个方面，给水工程指取水、净水、输水和配水等工程；排水工程主要是指污水处理。给排水工程是由各种管线及其配件和水处理、存储设备组成的，给排水施工图就是表现整个给排水管线、设备、设施的组合安装形式，作为给排水工程施工的依据。

（3）给排水施工图的特点。

1）图纸严格采用统一的符号和图例。给排水、采暖、工艺管道及设备常采用统一的图例和符号表示，这些图例、符号并不能完全反映实物的实样。因此，在阅读时，要首先熟悉常用的给排水施工图的图例符号所代表的内容。

2)图例较多、线条复杂。给排水管道系统图的图例线条较多,识读时比较困难,正确的识读方法是先找出进水源、干管、支管及用水设备、排水口、污水流向、排污设施等。

3)识读时,应将平面图和管道系统图结合起来。给排水管道布置纵横交叉,在平面图上很难表明它们的空间走向,为了能够表明各管道的空间布置状况,常用轴测投影的方法画出管道系统的立面布置图。这种图称为管道系统轴测图,简称管道系统图。在绘制管道系统轴测图时要根据各层的平面布置绘制;识读时,应把系统图和平面图对照识读。

4)图纸上要有明确给排水施工对土建的要求。给排水施工图与土建施工图有紧密的联系,留洞、打孔、预埋管沟等对土建的要求在图纸上要有明确地标示和注明。

4. 园林管线综合布置平面图

园林中一般管线类型较少,密度也较小,交叉的概率很低。所以园林管线的布置一般采用综合平面图表示。

5. 园林建筑内、外给排水管道平面图

(1)室内给排水管道平面图。室内给排水管道平面图主要包括平面图、系统图和详图。室内与室外的分界一般以建筑物外墙为界,有时给水以进口处的阀门为界,排水以室外第一个排水检查井为界。室内给排水管道平面图的识读要点如下:

1)给排水管道及设备的平面布置,主要包括干管、立管的平面位置,管口直径尺寸及各立管的编号,各管道零件的平面位置,给水进入管和污水排出管的平面位置及室外给排水管网的相互关系。常用的比例为 1∶50 和 1∶100。

2)在管道平面图中,各种管道不论在楼面(地面)之上或之下,一律视为可见,都用管道规定的图例线画出。为了清楚表明管道布置,平面图应分层绘制。管道系统布置相同的楼层平面,则可绘制一张标准层平面图代替,但底层管道平面图仍应单独画出。

3)如一张平面图上需绘出给水和排水两种管道时,则两种管道的线型要留有一定距离,避免互相混淆,因此说明平面图上的线条都是示意性的,它并不能说明真实安装情况。

(2)室外给排水管道平面图。室外排水系统可分为污水排水系统和雨水排水系统。在该平面图中,给水管道的走向是从大管径到小管径,通向建筑物的。排水管道的走向则是从建筑物出来到检查井,管道在各检查井之间沿水流方向从高标高到低标高敷设,管径是从小到大的。

6. 园林给排水管道系统图

给排水管道系统图分为给水系统和排水系统两大部分,是用轴测投影的方式来表示给排水管道系统的上、下层之间,前后、左右之间的空间关系的。在系统图中除注有各管径尺寸及主管编号外,还注有管道的标高和坡度。

给排水管道施工图识读时,必须将给排水施工平面图与系统图结合起来,互相对照才能正确地了解给排水管道的布置。

7. 园林给排水施工图识读

给排水工程施工图主要有平面图和系统图（轴测图），看懂管道在平面图和系统图上的表示含义，是识读管道施工图的基本要求。

（1）管道在平面图上的识读。某一层楼的各种水、卫、暖管道平面图，一般要把该楼层地面以上楼板以下的所有管道都表示在该层建筑平面图上，对于底层还要把地沟内的管道表示出来。

各种位置和走向的水、卫、暖管道在平面图上的具体表示方法是：水平管、倾斜管用其单线条水平投影表示；当几根管水平投影重合时，可以间隔一定距离并排表示；当管子交叉时，位置较高的可直线通过，位置较低的在交叉投影处要断开表示；垂直管道在图上用圆圈表示；管道在空间向上或向下拐弯时，要按具体情况表示。

（2）管道在系统图上的表示。室内管道系统图（轴测图）主要反映管道在室内的空间走向和标高位置。因为一般给排水、采暖、煤气管道系统图是正面斜轴测图，所以左右方向的管道用水平线表示，上下走向的管道用竖线表示，前后走向的管道用45°斜线表示。

（3）管道标高、坡度、管径的标注。管道标高符号一般在一段管子的起点或终点。标高数字对于给水、采暖管中心处相对于 ±0.000 的高度；对于排水管道常指管内底标高。标高以“m”为单位，如 3.5000 表示管道比首层地面高 3.5m。坡度符号可标在管子上方或下方，其箭头所指的一端是管子低端，一般表示为狆＝ xxx。如 h ＝ 0.01 表明管道的坡度为百分之一。管径用公称直径标注。一段管子的管径一般标在该段管子的两头，而中间不再标注，即“标两头带中间”。

（4）室内给排水施工图平面图的识读。给排水管道和设施的平面布置图是室内给排水工程施工图纸中最基本和最重要的图，它主要表明给排水管道和卫生器具等的平面布置。在识读该图时应注意掌握以下主要内容：

1）查明卫生器具和用水设施的类型、数量、安装位置、接管形式；

2）弄清给水引入管和污水排出管的平面走向、位置；

3）分别查明给水干管、排水干管、立管、横管、支管的平面位置与走向；

4）查明水表、消火栓等的型号、安装方式。

（5）室内给排水施工图系统图的识读。给排水管道系统图主要表示管道系统的空间走向。在给水系统图上不画出卫生器具，只用图例符号画出水龙头、淋浴器喷头、冲洗水箱等，在排水系统图上也不画出卫生器具，只画出卫生器具下的存水弯或排水支管。识读系统图时要重点掌握下列两点：

1）查明各部分给水管的空间走向、标高、管径尺寸及其变化情况和阀门的设置位置；

2）查明各部分排水管的空间走向、管路分支情况、管径尺寸及其变化，以及横管坡度、管道各部分标高、存水弯形式、清通设施的设置情况。

（6）给排水施工图详图的识读。室内给排水工程详图主要有水表节点、卫生器具、管道支架等安装图。有的详图选用了标准图和通用图时，需查阅相应的标准图和通用图纸。

（7）识读给排水施工图时应注意的问题。

1）识图时先看设计说明，明确设计要求；

2）要把施工图按给水、排水分开阅读，把平面图和系统图对照起来看；

3）给水系统图可以从给水引入管起，顺着管道水流方向看；排水系统图可从卫生器具开始，也顺着水流方向阅读；

4）卫生器具的安装形式及详细配管情况要参阅设计选用的相关标准图集。

二、园林总平面图

（一）园林建筑平面图概念及作用

建筑平面图是假想用一水平剖切平面沿门窗洞的位置将房屋剖切后，将剖切平面以下部分向水平面投影得到的水平剖面图，简称平面图。建筑平面图除应表明建筑物的平面形状及位置外，还应标注必要的尺寸、标高及有关说明。

园林建筑平面图在施工过程中为园林建筑放线、砌筑、门窗安装、施工预算及备料提供着重要的依据，起着极其重要的作用。

（二）建筑平面图的内容及绘制要求

（1）标明图名（含楼层）、比例和指北针。在绘制建筑平面图之前，首先要根据建筑物形体的大小选择合适的绘制比例，通常可选比例为 1∶50、1∶100、1∶200。

（2）线型要求。在建筑平面图中，凡是被剖切到的主要构造（墙、柱等）断面轮廓线均用粗实线绘制，墙柱轮廓都不包括粉刷层厚度，粉刷层在 1∶100 的平面图中不必画出。在 1∶50 或更大比例的平面图中用粗实线画出粉刷层厚度。被剖切到的次要构造的轮廓线及未被剖切的轮廓线用中粗实线绘制。尺寸线、图例线、索引符号等用细实线绘制。

（3）门窗的画法及编号。门窗的平面图画法应按建筑平面图图例绘制。其中用 45°中粗线表示门的开启方向，用两条平行细实线表示窗框及窗扇的位置。门的名称代号是 M，窗的代号是 C，编号如 M1、C1 等。

（4）注明定位轴线及编号。定位轴线是用来确定建筑物基础、墙、柱等承重构件的位置的基准线。定位轴线用细点画线或细实线绘制，其编号写在轴线端部的圆内，圆心在定位轴线的延长线上，圆用细实线绘制，直径为 8mm。横轴线的编号用阿拉伯数字从左至右编写，纵轴线的编号用英文字母从下至上编写，但 I、O、Z 三个字母不能用。如果需要在定位轴线之间添加非承重构件的轴线，编号以分数表示，此轴线称为附加轴线或分轴线，分母表示前一轴线的编号，分子表示附加轴线的编号，如附加轴线在 1 轴或 A 轴后面,需在1或A的前面加“0”。

(5)尺寸标注。建筑平面图尺寸标注按照三道尺寸线进行标注。此外,还须注出某些局部尺寸及室内外标高。

(6)注明索引符号和剖切符号。绘制其他构件,如墙体、门窗、楼梯等,如需要绘制详图,应该在对应位置采用索引符号进行标注。当需要绘制剖切详图时,应在平面图上标出剖切位置和剖视方向,剖切符号一般在首层平面图中表示。由于平面图一般采用1∶100、1∶200和1∶50的比例绘制,所以门、窗和设备等均采用“国标”规定的图例表示,因此必须熟记建筑图例。常用建筑图例见相关标准。

(三)园林建筑平面图识读

建筑平面图实质上是反映沿建筑物窗台以上部位(无门窗的建筑过承重柱部位)经水平剖切后所绘制的水平投影图,读图的一般方法和步骤如下:

(1)了解图名、层次、比例,纵、横定位轴线及其编号。

(2)明确图示图例、符号、线型、尺寸的意义。

(3)了解图示建筑物的平面布置;如房间的布置、分隔,墙、柱的断面形状和大小,楼梯的梯段走向和级数等,门窗布置、型号和数量,房间其他固定设备的布置,在底层平面图中表示的室外台阶、明沟、散水坡、踏步、雨水管等的布置。

(4)了解平面图中的各部分尺寸和标高。通过外、内各道尺寸标注,了解总尺寸、轴线间尺寸,开间、进深、门窗及室内设备的大小尺寸和定位尺寸,并由标注出的标高了解楼、地面的相对标高。

(5)了解建筑物的朝向。

(6)了解建筑物的结构形式及主要建筑材料。

(7)了解剖面图的剖切位置及其编号、详图索引符号及编号。

(8)了解室内装饰的做法、要求和材料。

(9)了解屋面部分的设施和建筑构造的情况,对屋面排水系统应与屋面做法表和墙身剖面的檐口部分对照识读。

第二节 绘制园林建筑施工图

一、建筑平立剖面设计

(一)建筑平面图设计

1. 地下层平面图

建筑物的地下部分由于其深入地下,致使采光、通风、防水、结构处理以及安全疏散等设计问题,均较地上层复杂。此外,为了充分开发空间,提高地上层(尤其是底层)的使用率，又多将机电设备用房、汽车库，甚至将商场、餐饮等功能也布置在地下层内，而人防工程肯定位于地下。这些用房均各有特殊的使用和工艺要求，从而使地下层的设计难度加大，设计者必须给予足够的重视。既要对建筑专业本身的技术问题给予慎重妥善的处理，同时还应对其他专业的要求给予充分理解和满足，这样才能使设计趋于完善。

（1）设计深度。

1）民用建筑的地下层内，一般均布置有设备机房（如风机房、制冷机房、直燃机房、水泵房、锅炉房、变配电室、发电机房等）。其设备的大小和定位在相应专业的施工图上表示，建施图上可用虚线示意或不表示。

2）设备机座一般由设备专业提出条件（尺寸、载重、埋件……）由结构专业在结施图上表示。有些机房（如水泵房、变配电室等）建筑要绘放大平面，并要绘出设备基础、排水沟、集水坑等平面尺寸，同时要绘出索引沟、坑的剖面详图。位于基础底板上的沟、坑，需结构施工图交代；在垫层内的，由建筑施工图交代。

3）地下层墙面和底板（含桩基承台）的防水措施，以及变形缝和后浇带处的防水做法，是地下层施工图设计必须交代的重要内容。其选材和构造应合理可靠，否则后患无穷，补救不易。为此，一般均应绘制上述部位的放大节点详细表达，或者引用相应的标准图节点详图，并应遵守《地下工程防水技术规范》（GB50108-2001）的规定。

4）绘制室内地沟平面图时应注意以下几点。

①地沟的净宽及定位尺寸、沟深及沟底标高、坡度及坡向应标注齐全，并与设备专业所提供的资料要求相一致。②地沟剖面无标准图可索引时，应绘图交代清楚（主要是沟壁和沟底的做法与厚度，地沟跌落、穿墙、穿变形缝、出入口等处的构造）。③室内暖气沟一般由结构结合基础图一并交代，应注明地沟盖板、过梁的索引图集和构件代号，特别注意选用的荷载应与使用情况相符。建筑仅在底层平面中示出管沟位置。

5）门窗表除整个工程集中列表外，亦可同时分层随各层平面列门窗表。

6）地下平面有诸多的设备竖井或风井，位置与地上层关系密切，要避免造成对上部的干扰，应绘制平、剖面详图。有些大型设备的吊装孔会多次开启使用，故不宜放在房间内，以免影响房间使用。

（2）设计方法及要点。①设备基座多由结构专业在结施图上表示。位于基础底板上的地坑由结构专业在结施图上交代，建施图上仅示意表示。②民用建筑的地下层内，一般均布置有设备机房（如风机房、制冷机房、直燃机房、锅炉房、变配电室、发电机房、水泵房等）。其设备的大小和定位在相应专业的施工图上表示，建施图上可用虚线示意或不表示。但电缆沟、排水明沟和集水井则应索引详图和注明定位尺寸、底标高（以及坡向、坡度）等。③地下层墙面和底板（含桩基承台）的防水措施，以及变形缝和后浇带处的防水做法，是地下层施工图设计必须交代的重点内容。其选材和构造应合理可靠，否则后患无穷，补救不易。为此，一般均应绘制上述部位的放大节点详细表达，或者引用相应的标准图节点详图。并应遵守《地下工程防水技术规范》（GB50108-2001）的规定，其中首先应确定防水等级和设防要求。

(3)设计常见通病。地下室平面图技术要求较高,设计相对比较复杂,对施工图设计的初学者,会出现以下常见的通病。①将地下室或半地下室的耐火等级定为二级。②楼梯间的防火门开启方向开向楼梯间外面。③缺少楼梯间内部的门,以防止地面以上疏散人员下至地下室。④地下室、半地下室防火分区无直通室外的安全出口。⑤高层建筑地下室、半地下室以垂直金属楼梯作为第二安全出口。⑥多层建筑地下室窗井设置垂直金属楼梯作为第二安全出口,但窗井出地面无出口。⑦设于首层或地下一层的消防控制室不靠外墙,无直通室外的安全出口,通向楼内的门未设置甲级或乙级防火门。⑧地下工程防水设计缺项,未说明设计防水等级、防水层材料选型,技术要求和工程做法;未表明工程细部防水构造,以及工程防排水系统,地面,特别是坡地的挡水、截水措施。

2. 底(首)层平面图

建筑物的底(首)层(此为《深度规定》的称谓,也可称为一层)是地上部分与地下的相邻层,并与室外相通,因而必然成为建筑物上下和内外交通的枢纽。底层既与室外相邻,可多向布置出入口以便组织人流和货流;还可以向主体外扩大成为裙房,布置更多不同功能的房间。尤其是门厅和大堂的设计,则关系到进入室内的"第一印象"。此外,如何处理好门廊、踏步、坡道、花坛等室外空间的过渡部分,势必影响整个建筑的外部形象。就图纸本身而论,底层平面可以说是地上其他各层平面和立面、剖面的"基本图"。因为地上层的柱网及尺寸、房间布置、交通组织、主要图纸的索引,往往在底层平面首次表达。

综上所述,底层平面图的内容自然比较复杂,设计和表达的难度也较大。

(1)设计深度。

①建筑物的底层应绘制出室外台阶、坡道、散水、花池、平台、雨水管和室内的暖气沟、人孔等位置以及剖面图的剖切线(宜向上、向左投影)。②底层地面的相对标高一般为 ±0.000,其相应的绝对标高值一般应分别在底层平面图或施工图设计说明中注明。在各主要出入口处的室内、室外应注标高,在室外地面有高低变化时,应在典型处分别注出设计标高(如:踏步起步处、坡道起始处、挡土墙上、下处等)。在剖面的剖切位置也宜注出,以便与剖面图上的标高及尺寸相对应。③剖切面应选在层高、层数、空间变化较多,最具有代表性的部位。复杂者应画多个剖视方向的全剖面或局部剖面。剖视方向宜在图面上向左、向上。剖切线编号一般注在底(首)层平面图上。④指北针应画在底层平面图上,宜位于图面的右上角,圆直径 24mm 左右,其标准画法见《房屋建筑制图统一标准》(GB/T50001—2001)第 6.4.3 条。⑤建筑平面分区绘制时,其组合示意图的画法见《房屋建筑制图统一标准》(GB/T50001—2001)第 9.2.3 条。⑥简单的地沟平面可画在底层平面图内。复杂的地沟应单独绘制,以免影响底层平面图的清晰。⑦外排水雨水管的位置除在屋面平面图中绘出外,还应在底层平面图中绘出。⑧部分建筑的底层入口应按相关规范规定的范围做无障碍设计。

(2)设计方法及要点。

1）底层地面的相对标高为 ±0.000，其相应的绝对标高值应在首页设计总说明中注明。在建筑没有特别说明或没有特别要求时，建筑室内外高差应控制在450～600mm。室外地面有高低变化时，应在典型部位分别注出设计标高（如：踏步起步处、坡道起始处、挡土墙上、下处等）。在剖面的剖切位置也宜注出，以便与剖面图上的标高及尺寸相对应。

与室内出入口相邻的室外平台，一般均比室内标高低30mm，以防雨水进入。人流频繁者也可不做高差，但室外平台应向外找坡。

2）剖切面应选在层高、层数、空间变化较多，最具有代表性的部位。复杂者应画多个剖视方向的全部或局部剖面图。剖视方向宜向左、向上。剖切线编号和所在图号一般只注在底层平面图上。标准画法见《房屋建筑制图统一标准》（GB/T50001—2001）第6.1.1条。

3）指北针应画在底层平面图上，位于底层平面图样角部，不应太大、太小或奇形怪状，其标准画法见《房屋建筑制图统一标准》（GB/T50001—2001）第6.4.3条。

4）建筑平面分区绘制时，其组合示意图的画法见《房屋建筑制图统一标准》（GB/T50001—2001）第9.2.3条。仅画于各分区的底层平面图上即可，宜位于图面的角部。

5）简单的地沟平面可画在底层平面图内。复杂的地沟应单独绘制，以免影响底层平面的清晰。

6）在底层平面图中还应进行以下设计或注意事项。①应注明室外台阶、坡道、明沟的造型及定位尺寸和室外标高。②底层若设车库，其外墙门洞口上方应设防火挑檐；楼梯间等公共出入口同时起雨篷作用。③住宅公共出入口位于开敞楼梯平台下部，应设雨篷等防止物体坠落伤人的安全措施。④散水宽度L宜为600～1000mm，当采用无组织排水时，散水的宽度可比檐口线宽出20~300mm；坡度可为3%～5%，一般取5%；当散水采用混凝土时，宜按6~12mm间距设置伸缩缝。散水与外墙之间宜设缝，缝宽可为20~30mm，缝内应填沥青类材料。散水做法见相关图集，最好为水泥砂浆散水。⑤明沟宽度一般在200mm左右，图集取200mm或250mm。套用省标图集应注明深度H的值（单个工程H＝300mm）。沟底应有0.5%左右的纵坡。明沟做法见各相关图集，为砖砌明沟。⑥勒脚的高度一般为室内地坪与室外地坪的高差，也可以根据立面的需要而提高勒脚的高度尺寸。外墙勒脚做法见相关图集，面层材质详见单体方案设计要求，高度从室外地坪至室内地坪标高，或根据单体方案设计要求。

（3）设计常见通病。

底层平面图内容比较多，设计要求比较复杂，特别对刚刚开始做施工图设计的学生或设计者，往往会出现以下问题。①缺指北针。②缺剖面图在底层平面图上的位置表示。③缺散水坡在底层平面图上的表示及相关尺寸、做法。④缺标准墙体或柱网细部尺寸。⑤缺标注承重墙、非承重墙的墙厚。⑥缺设变形缝的位置尺寸及其详图索引。⑦缺标注标高及房间名称。⑧缺地面伸缩缝。⑨缺主要建筑设备和固定家具的位置及相关做法索引，如卫生间的器具、雨水管、水池、橱柜、洗衣机位置等。⑩缺标注电梯、自动扶梯的规格、缺楼梯上（下）方向、级数及其编号和索引。

3. 楼层平面图

楼层平面图是指建筑物二层和二层以上的各层平面图。由于结构体系和布置已基本定型，因此除裙房与主体的相接层之外，各楼层虽可以向内缩减或向外有限悬挑，但其平面往往变化不多，也即重复性较大。基于此点，本节的重点在于阐述楼层平面图的表达如何变化。

（1）设计深度。

①这里所称的楼层平面，是指建筑物二层和二层以上的各层平面。②完全相同的多个楼层平面（也称“标准层”），可以共用一个平面图形，但需注明各层的标高，且图名应写明层次范围（如：四至八层平面图）。③除开间、跨度等主要尺寸和轴线编号外，与底层或下一层相同的尺寸可省略，但应在图注中说明。窗号可保留，以便统计数量。又如在“五层平面图”中注有“五层以上墙身厚度未注明者均同本层”，故六层及以上的楼层平面图中，只注变化的墙厚，相同者不再重复标注，既省事又清楚。由于计算机制图已普遍，操作时“照搬”比“消去”更省力，因此经常出现各层的尺寸和索引重复标注，变化之处反而不明显，造成制图不便，看图费劲的弊端，望能引起设计者注意，把方便留给别人，因为施工图毕竟主要是为施工人员服务的。④当仅仅是墙体、门、窗等有局部少量变动时，可以在共用平面图中就近用虚线表示，注明用于哪些层即可。⑤当仅仅是某层的房间名称有变化时，只需在共用平面图的房间名称下，另做说明即可。⑥当某层的局部变动较大，但其他部位仍相同时，可将变动部分画在共同平面图之外，写明层次并注写“其他部分平面仍同某层”即可。因此，可以只画变化的局部平面，再加注说明即可。⑦即便是在同一层平面内，按以前章节所谈的简化规律，也可既省力又清晰。例如某些对称的平面，对称轴两侧的门窗号与洞口尺寸完全相同，其实可以省略一侧的洞口尺寸，注明同另一侧即可。门窗号仍保留，说明洞口应与另一侧相同。⑧同样，各层中相同的详图索引，均可以只在最初出现的层次上标注，其后各层则可省略，只注变化和新出现者。这样看图清晰，改图更方便。

（2）设计常见通病。

楼层平面图起承上启下的作用，在设计时往往会出现以下问题。①在建筑楼层平面图发电变化时，往往不能很好地反映下一层的屋面，应根据平面的具体变化，层层反映紧邻下层屋面的情况。②缺标准墙体或柱网细部尺寸。③缺标注承重墙、非承重墙的墙厚。④缺设变形缝的位置尺寸及变形缝处楼面、内外墙面的详图索引。⑤缺标注各层标高及房间名称。⑥缺主要建筑设备和固定家具的位置及相关做法索引，如卫生间的洁具、雨水管、水池、橱柜、洗衣机位置等。⑦缺标注电梯、自动扶梯的规格、缺楼梯上（下）方向、级数及其编号和索引。⑧缺主要结构和建筑构造部件的位置及尺寸标注和做法索引，如中庭、阳台、平台、台阶、坡道、散水、明沟等做法索引。⑨缺图例。⑩缺楼面预留孔洞和通气管道、管线竖井、烟道、垃圾道等位置、尺寸和做法索引，以及墙体预留空调机孔的位置、尺寸及标高。缺各楼层标高标注。

4. 跃层平面图

跃层平面图是指建筑物二层和二层以上的某些层的平面图。由于结构体系和布置已基本定型，因此除局部房间及连接相邻的两层楼梯之外，其平面往往变化不大，即重复性较多。基于此点，本节的重点在于阐述楼层平面的表达如何变化。

（1）设计深度。

跃层平面的设计深度要求基本与楼层平面的设计深度相同，不同的是：套内楼梯的设计深度应与底层平面的设计方法相同。

（2）设计方法及要点。

①除开间、跨度等主要尺寸和轴线编号外，与底层或下一层相同的尺寸均可省略，但应在图注中说明。②当仅仅是墙体、门、窗等有局部少量变动时，可以在共用平面中用虚线表示，注明用于什么层次即可。③当仅仅是某层的房间名称有变化时，只需在共用平面的房间名称下，另行加注说明即可。④当某层的局部变动较大，其他部位仍相同时，可将变动部分画在共同平面之外，写明层次并注写“其他部分平面同某层”。⑤如上下或左右外墙上的尺寸相同时，只标注一侧即可。⑥同样，各层中相同的详图索引，均可以只在最初出现的层次上标注，其后各层则可省略，只注变化或新出现者。这样看图很清晰，改图更方便。

（3）设计常见通病。

跃层平面图起承上启下的作用，在设计时往往会出现以下问题。在层数有变化时，没有很好地反映下一层的屋面，应根据楼层的变化，层层反映屋面的情况。墙体预留孔洞的位置、尺寸及标高。

5. 屋面平面图

屋面平面图可以按不同的标高分别绘制，也可以画在一起，但应注明不同标高。复杂时多用前者，简单时多用后者。

（1）设计深度。

①平屋面平面图需绘出两端及主要轴线，要绘出分水线、汇水线并标明定位尺寸；要绘出坡向符号并注明坡度（注意：凡相邻并相同坡度的坡面交线必成 45° 角），雨水口的位置应注定位尺寸（且雨水管间距有限定），出屋面的人孔或爬梯及挑檐或女儿墙、楼梯间、机房、天线座、排烟道、排风道、变形缝要绘出，并注明采用的详图索引号。②坡屋面平面图应绘出屋面坡度或用直角三角形标注，注明材料、檐沟下水口位置，沟的纵坡度和排水方向箭头，出屋面的排烟道、排风道、老虎窗等应绘出并注详图索引号，应在屋面下面一层平面上，以虚线表明屋顶门顶检查孔位置。③一般屋面平面图采用 1：100 比例，简单的屋面平面图可用 1：150 或 1：200 绘制。④屋面标高不同时，屋面平面图可以按

不同的标高分别绘制，在下一层平面图上表示过的屋面，不应再绘制在上层平面图上，也可以标高不同的屋面画在一起，但应注明不同标高（均注结构板面）。复杂时多用前者，简单时多用后者。⑤设置雨水管排水的屋面，应根据当地的气候条件、暴雨强度，屋面汇水面积等因素，确定雨水管的管径和数量，并做好低处层面保护（水落管下端拐弯、加混凝土水簸箕）。⑥当有屋顶花园时，应注明屋顶覆土层最大厚度并绘出相应固定设施的定位，如灯具、桌椅、水池、山石、花坛、草坪、铺砌、排水等，并索引有关详图。⑦有擦窗设施的屋面，应绘出相应的轨道或运行范围。详图应由专业厂家提供，并与结构密切配合。⑧当一部分为室内，另一部分为屋面时，如出屋面楼梯间、屋面设备间，临屋顶平台房间，应注意室内外交接处（特别是门口处）的高差与防水处理。例如：室内外楼板即便是同一标高，但因屋面找坡，保温、隔热、防水的需要，此时门口处的室内外均宜设置踏步，或者做门槛防水，其高度应能满足屋面泛水高度的要求。⑨冷却塔，风机、空调室外机等露天设备除绘制根据工艺提供的设备基础并注明定位尺寸外，宜用细线表示该设备的外轮廓。⑩内排水落水口及雨水管布置应与水专业共同商定，在屋面平面中注明“内排雨水口”，内排雨水系统见水专业设计图纸。

（2）设计方法及要点。

①应根据当地的气候条件、暴雨强度、屋面汇流分区面积等因素，确定雨水管的管径和数量。每一独立屋面的落水管数量不宜少于两个。高处屋面的雨水允许排到低处屋面上，汇总后再排走。②当有屋顶花园时，应绘出相应固定设施的定位，如灯具、桌椅、水池、山石、花坛、草坪、铺砌等，并应索引有关详图。③有擦窗设施的屋面，应绘出相应的轨道或运行范围。也可以仅注明：“应与生产厂家配合施工安装”。轨道等固定于屋面的部位应确保防水构造完整无缺。④当一部分为室内，另一部分为屋面时，应注意室内外交接处（特别是门口处）的高差与防水处理。例如：室内外楼板结构面即便是同一标高，但因屋面找坡、保温、隔热、防水的需要，此时门口处的室内外均应增加踏步，或者做门槛防水，其高度应能满足屋面泛水节点的要求。⑤在屋面平面图中可以只标注两端和有变化处的轴线编号，以及其间的尺寸。⑥檐沟、天沟的布置应以不削弱保温层效果为原则。⑦冷却塔等露天设备除绘制根据工艺提供的设备基础并注明定位尺寸外，宜用细虚线表示该设备的外轮廓。对明显凸现于天际的设备，应与相关工种协商其外观选型和色彩等，以免影响视觉效果。

（二）建筑立面图

1. 建筑立面图简介

（1）建筑立面图的形成与作用。表示房屋外部形状和内容的图纸称为建筑立面图。建筑立面图为建筑外垂直面正投影可视部分。是展示建筑物外貌特征及外墙面装饰的工程图样，是建筑施工中进行高度控制与外墙装修的技术依据。

一个建筑物一般应绘出每一侧的立面图。但是，当各侧面较简单或有相同的立面时，可以画出主要的立面图。当建筑物有曲线或折线形的侧面时，可以将曲线或折线形的立面，绘成展开立面图，以使各部分反映实形。内部院落的局部立面，可在相关剖面图上表示，如剖面图未能表示完全的，需单独绘出。

（2）建筑立面图的命名方式。建筑立面图的命名，一般是根据平面图的朝向、外貌特征和两端的定位轴线编号三种命名方式进行编注的。

①用朝向命名：建筑物的某个立面面向哪个方向，就称为哪个方向的立面图。如南立面图、北立面图等。②按外貌特征命名：将建筑物反映主要出入口或比较显著地反映外貌特征的那一面称为正立面图，其余立面图依次为背立面图、左立面图和右立面图。③用建筑平面图中两端的定位轴线编号命名：按照观察者面向建筑物从左到右的轴线编号顺序命名。如⑦~①立面图等。施工图中这三种命名方式都可使用，但每套施工图只能采用其中的一种方式命名。对于展开立面图，应在图名后注写“展开”两字。目前，比较流行使用建筑平面图中两端的定位轴线编号来命名。

（3）建筑立面图的设计内容：①图名、比例。②建筑物两端的定位轴线及编号。③建筑物在室外地坪线以上的全貌。包括地面线、建筑物外轮廓形状、构配件的形式与位置及外墙面的装修做法、材料、装饰图线、色调等。④必要的尺寸标注与标高。⑤其他如详图索引符号文字说明等。

2. 建筑立面图的设计要求

（1）基本要求。

1）定位轴线。建筑立面图中，一般只标出图两端的定位轴线及编号，并注意与平面图中的编号一致。

2）图线。①立面图的外形轮廓用粗实线表示。②室外地坪线用 1.4 倍的加粗实线（线宽为粗实线的 1.4 倍左右）表示。③门窗洞口、檐口、阳台、雨篷、台阶等用中实线表示。④其余的，如墙面分隔线、门窗格子、雨水管以及引出线等均用细实线表示。

3）尺寸注法与标高。建筑立面图中，一般仅标注必要的竖向尺寸和标高，该标高指相对标高，即相对于首层室内主要地面（标高值为零）的标高。对于楼地面、地下层地面、阳台、平台、檐口、屋脊、女儿墙、台阶等处的高度尺寸及标高，在立面图、剖面图及其详图中应注写完成面标高及高度方向的尺寸。竖向尺寸的尺寸界线位置应与所注标高的位置一致，尺寸数值就是标高之差，但两者的单位不同，尺寸标注中尺寸数值的单位为毫米，而标高的单位为米。

4）在平面图上表示不出的窗编号，应在立面图上标注。平、剖面图未能表示出来的屋顶、檐口、女儿墙、窗台等标高或高度，应在立面图上分别注明。

5）各部分构造、装饰节点详图索引，用料名称或符号。

6）外墙装修做法。外墙面根据设计要求可选用不同的材料及做法，在图面上，外墙表面分格线应表示清楚，各部位面材及色彩应选用带有指引线的文字进行说明。

（2）深度规定：①两端轴线编号，立面转折较复杂时可用展开立面表示，但应准确注明转角处的轴线编号。②立面外轮廓及主要结构和建筑构造部件的位置，如女儿墙顶、檐口、柱、变形缝、室外楼梯和垂直爬梯、室外空调机搁板、阳台、栏杆、台阶、坡道、花台、雨篷、烟囱、勒脚、门窗、幕墙、洞口、门头、雨水管，以及其他装饰构件、线脚和粉刷分格线等。③建筑的总高度、楼层位置辅助线、楼层数和标高及关键控制标高的标注，如女儿墙或檐口标高等；外墙的留洞应注尺寸与标高或高度尺寸（宽 × 高 × 深及定位关系尺寸）。④平、剖面未能表示出来的屋顶、檐口、女儿墙、窗台以及其他装饰构件、线脚等的标高或尺寸。⑤在平面图上表达不清的窗编号。⑥各部分装饰用料名称或代号，剖面图上无法表达的构造节点详图索引。⑦图纸名称、比例。⑧各个方向的立面应绘齐全，但差异小、左右对称的立面或部分不难推定的立面可简略；内部院落或看不到的局部立面，可在相关剖面图上表示，若剖面图未能表示完全时，则需单独绘出。

3. 建筑立面图的设计方法及要点

（1）立面图（施工图）中不得加绘阴影和配景（如：树木、车辆、人物等）。

（2）立面图应把定位轴线范围内正投影方向可见的建筑外轮廓（包括有前后变化的轮廓）、门窗、阳台、雨篷等建筑构件、所有突出墙面的线角，用实线表示。前后有距离的，或有凹凸的部位（如门窗洞、柱廊、挑台等），采用不同粗细的实线区分，粗线宜往外加粗，最前面的主要部分用最粗线表示，粉刷分格线应用最细线表示。粗细线的运用可以使立面更有层次，更清晰。

（3）前后立面重叠时，前者的外轮廓线宜向外侧加粗，以示区别。

（4）立面图上标高、尺寸、索引的标注。

①立面图主要标注标高：室内外地面设计标高、建筑物外沿轮廓线变化处和最高处标高、立面上可见的门窗洞口的上下标高、雨篷、阳台、挑檐、坡顶的檐口最高点等突出部分标高，必要时可标注出楼层标高，以全面反映立面各部分与楼层关系，一般可不注高度间距尺寸。立面图应标注建筑主体部分的总高度。②立面图中外墙留洞，应标注出底标高或中心标高，如平面未能表示其定位和尺寸时也应在立面图中表示清楚。③必须控制的粉刷线的尺寸、标高也应在立面图中表示清楚。④在剖面图上未能表示清楚的外檐构造节点索引，应在立面图上补全，立面上的粉刷节点做法也应有索引表示，平面未能表示清楚的门窗编号也应在立面图上标注。

（5）立面图的简化。

①前后或左右完全相同的立面，可以只画一个，另一个注明即可。②立面图上相同的门窗、阳台、外装饰构件、构造作法等，可在局部重点表示，其他部分可只画轮廓线。③完全对称的立面，可只画一半，在对称轴处加绘对称符号即可。但由于外形不完整，一般较少采用。④立面图的比例宜与平面图采取同一比例，也可按制图规定确定立面图比例，但应在图名后注明。⑤建筑物平面有较大转折时，转折处的轴线编号立面图上也宜注出。⑥裸露于建筑物外部的设备构架（如空调室外机），应根据室内功能结合建筑立面统一设计布置，以免建成后用户各行其是，影响建筑外观。⑦门窗洞口轮廓线宜粗于粉刷分格

线，使立面更为清晰。

4. 建筑立面图设计中常见通病

①立面图与平面不一致。立面图两端无轴线编号，立面图除图名还需标比例。②立面图外轮廓尺寸及主要结构和建筑构造的部位。如女儿墙顶、檐口、烟囱、雨篷、阳台、栏杆、空调隔板、台阶、坡道、花坛、勒脚、门窗、幕墙、洞口、雨水立管、粉刷分格线条等以及关键控制标高的柱注都应表示清楚。而多数立面图只表示层高的标高。立面图上应该把平面图上、剖面图上未能表达清楚的标高和高度均标注清楚。③在平面图上未能标示清楚的窗口位置。在立面图上也应该加以标注，但往往没标示。④立面图上装饰材料名称、颜色在立面图上标注不全。特别是底层的台阶、雨篷、橱窗细部较为复杂的未能标注。也无标注构造索引。

（三）建筑剖面图

1. 建筑剖面图简介

（1）建筑剖面图的形成与作用。表示建筑物垂直方向房屋各部分组成关系的图纸称为建筑剖面图。建筑剖面图用以表示建筑各部分的高度、层数、建筑空间的组合利用，以及建筑剖面中的结构、构造关系、垂直方向的分层情况、各层楼地面、屋顶的构造做法及相关尺寸、标高等。建筑剖面图是与建筑平面图、立面图相配套的，表达建筑物整体概况的基本图样之一。剖面图的名称必须与底层平面图上所标的剖切位置和剖视方向一致。

（2）建筑剖面图的剖切位置选择。建筑剖面图的剖切位置应选在层高不同、层数不同、内外部空间比较复杂、最有代表性的部位，使之能充分反映建筑内部的空间变化和构造特征。通常取楼梯间、门窗洞口、入口门厅、中庭、错层等构造比较复杂的典型部位。

剖切平面一般应平行于建筑物的宽向，必要时也可平行建筑物的长向，并宜通过门窗洞口。投射方向宜向左、向上。为了表达建筑物不同部位的构造差异，全面反映工程项目的内容，剖面图也可根据空间变化情况转折剖切。

剖面图的数量，在一般规模不大的工程中，通常只有一两个。当工程规模较大或平面形状较复杂时，则要根据实际需要确定剖面图的数量，可能有多个。如果房屋的局部构造有变化，还要画出局部剖面图。

（3）建筑剖面图的设计内容：①建筑物内部的分层情况及层高，水平方向的分隔。②剖切线的室内外地面、楼板层、屋顶层、内外墙、楼梯，以及其他剖切到的构配件（如台阶、雨篷等）的位置、形状、相互关系。③投影可见部分的形状、位置等。④地面、楼面、屋面的分层构造，可用文字说明或图例表示。⑤外墙（或柱）的定位轴线和编号。⑥垂直方向的尺寸和标高。⑦详图索引符号。⑧图名和比例。

建筑剖面图一般不表达地面以下的基础。墙身只画到基础即用断开线断开。有地下室时剖切面应绘制至地下室底板下的基土，其以下部分可不表示。

2. 建筑剖面图的设计要求

（1）基本要求。

1）定位轴线。应注出被剖切到的各承重墙（柱）的定位轴线及与平面图一致的轴线编号和尺寸。

2）图线。

室内外地坪线用加粗实线表示。地面以下部分，从基础墙处断开，另由结构施工图表示。剖面图的比例应与平面图、立面图的比例一致。

①比例小于1∶50的剖面图，可不画出抹灰层，但宜画出楼地面、屋面的面层线。②比例大于1∶50的剖面图，应画出抹灰层、楼地面、屋面的面层线，并宜画出材料图例。③比例等于1∶50的剖面图，宜画出楼地面、屋面的面层线，抹灰层的面层线应根据需要而定。

在剖面图中一般不画材料图例符号，被剖切平面剖切到的墙、梁、板等轮廓线用粗实线表示，没有被剖切到但可见的部分用细实线表示，被剖切断的钢筋混凝土梁、板涂黑。但宜画出楼地面、屋面的面层线。

3）尺寸注法。

在剖面图中，应注出垂直方向上的分段尺寸和标高。

垂直分段尺寸一般分三道。①最外一道是总高尺寸，它表示室外地坪到楼顶部女儿墙的压顶抹灰完成后的顶面的总高度。②中间一道是层高尺寸：主要表示各层的高度。③最里一道是门窗洞、窗间墙及勒脚等的高度尺寸。

标高应标注被剖切到的外墙门窗口的标高，室外地面的标高，檐口、女儿墙顶的标高，以及各层楼地面的标高。

（2）深度规定。

1）剖视位置应选在层高不同、层数不同、内外部空间比较复杂，具有代表性的部位，建筑空间局部不同处以及平面、立面均表达不清的部位，可绘制局部剖面图。

2）墙、柱轴线和轴线编号。

3）剖切到或可见的主要结构和建筑构造部件，如室外地面、底层地（楼）面、地坑、地沟、各层楼板、夹层、平台、吊顶、屋架、屋顶、出屋顶烟囱、天窗、挡风板、檐口、女儿墙、爬梯、门、窗、外遮阳构件、楼梯、台阶、坡道、散水、平台、阳台、雨篷、洞口及其他装修等可见的内容。

4）高度尺寸：①外部尺寸：门窗洞口高度、层间高度、室内外高差、女儿墙高度、阳台栏杆高度、总高度。②内部尺寸：地坑（沟）深度、隔断、内窗、洞口、平台、吊顶等。

5）标高。主要结构和建筑构造部件的标高，如地面、楼面（含地下室）、平台、雨篷、吊顶、屋面板、屋面檐口、女儿墙顶、高出屋面的建筑物、构筑物及其他屋面特殊构件等的标高，室外地面标高。

6）节点构造详图索引号。

7）图纸名称、比例。

3. 建筑剖面图的设计方法及要点

(1)建筑主体剖面图的剖切符号一般应画在底层平面图内。剖视的方向宜向左、向上,以利看图。

(2)标高系指建筑完成面的标高,否则应加注说明(如:楼面为面层标高,屋面为结构板面标高)。

(3)外部高度尺寸应标注以下3道。

①洞口尺寸:包括门窗洞口、女儿墙或檐口高度及其与楼面的定位尺寸。②层间尺寸即层高尺寸,含地下层在内。③建筑总高度:系指由室外地面至平屋面挑檐口上皮或女儿墙顶面或坡屋面挑檐口下皮的高度。坡屋面檐口至屋脊高度单注,屋顶上的水箱间、电梯机房、排烟机房和楼梯出口小间等局部升起的高度不计入总高度,可另行标注。当室外地面有变化时,应以剖面所在处的室外地面标高为准。

上述3道尺寸应与立面图相吻合,并应各居其道,不要跳道混注。其他部件(如:雨篷、栏杆、装饰件等)的相关尺寸,也不要混入,应另行标注,以保证清晰明确。另外还需要用标高符号标出各层楼面、楼梯休息平台等的标高。

(4)内部高度尺寸。

①顶棚下净高尺寸。②楼梯休息平台梁下通行人时的净高尺寸。③特殊用房及锅炉房、机房、阶梯教室等空间的大梁下皮高度尺寸。④临空护栏的高度尺寸。

(5)标注尺寸的简化:当两道相对外墙的洞口尺寸、层间尺寸、建筑总高度尺寸相同时,仅标注一侧即可;当两者仅有局部不同时,只标注变化处的不同尺寸即可。

(6)高层建筑的剖面图上,最好标注层数,以便于查看图纸。隔数层或在变化层标注也可。

(7)关于墙身详图索引方法:凡按墙身节点详图编号者,可索引在剖面图上(也有索引在立面图上的),凡按墙身剖断详图编号者,一定要索引到立面图上。各设计院做法不同,难以统一,原则上还是要以方便施工、易于查找墙身详图为准。

(8)鉴于剖视位置应选在内外空间比较复杂和最有代表性的部位,因此墙身大样或局部节点大样多应从剖面图中引出、放大绘制,这样表达最为清楚。

(9)有转折的剖面,在剖面图上应画出转折线。

4. 建筑剖面图设计中常见通病

(1)剖面位置不是选择在层高不同、层数不同、内外空间比较复杂,具有代表性的部位;局部较复杂的建筑空间以及平面、立面表达不清楚的部位,没有绘制局部的剖面图。总之剖面图偏少。

(2)剖面图漏注墙、柱、轴线编号及相应尺寸,特别是厂房,其墙、柱、轴线之间的尺寸关系未标注清楚。

(3)剖切到或可见的主要结构和建筑构造部位。如室外地面、底层地坑、地沟、夹层、吊顶、屋架、天窗、女儿墙、台阶、坡道、散水及其他装修等可见的内容没能完整表达。

（4）高度尺寸标注不完整。一般只标注外部尺寸及标高，而内部尺寸，如地沟深度、隔断、内窗、内洞口、平台、吊顶等平立面不能表达清楚的尺寸未表示。

（5）有些节点构造详图索引号在平面图上、立面图上表示不清楚。而应在剖面图上标注详图索引的，也未标注。

5. 园林建筑剖面图阅读

剖面图的剖切位置应选择在建筑内部构造比较复杂的有代表特征的部位，如门窗洞、楼梯间等位置。剖切平面通常为横向，即平行于侧面，必要时也可采取纵向，即平行于正面，如果一个剖切平面不能满足需要，还可用两个或两个以上互相平行的剖切平面剖切。剖面图的数量应视建筑的复杂程度与实际需要来定，并与平面图上标注的剖切符号、编号一致。园林建筑剖面图的读图可按下列步骤进行：

（1）将图名、定位轴线编号与平面图上部切线及其编号和定位轴线编号相对照，确定剖面图的剖切位置和投影方向。

（2）从图示建筑物的结构形式和构造内容，了解建筑物的构造和组合，如建筑物各部分的位置、组成、构造、用料及做法等情况。

（3）从图中标注的标高及尺寸，可了解建筑物的垂直尺寸和标高情况。

二、建筑构造与结构

（一）建筑构造

1. 台基

由于建筑技术不断提高，在园林建筑上追求华丽之风，日趋繁杂，台阶也作为美化的对象。在宫殿、庙宇等重要建筑的台阶部分，创造一种雕刻华丽，用料考究的高级石台阶，并命名为“须弥座”，成为中国古典建筑的典型特征之一。而作为古典园林的经典，苏州园林建筑中厅、堂、楼、阁前的月台，也属须弥座，作为园林建筑的地基，是随处可见的。

2. 屋身

苏州园林建筑是以木结构为主，传统建筑的中段多为木柱，墙体只是作为划分空间的间隔，不承重。屋顶部分的重量主要由梁柱承担，再传给基础，因此古典园林建筑有“墙倒屋不塌”的特性；建筑室内往往不用封闭的隔墙，而用半透空“隔扇”或全通透“罩”作为分割，上部天花做成各种形式的“轩”，秀美而富于变化；栏杆、挂落等各种木装则力求精细，门窗多空灵通透，使内外空间连通、渗透。

3. 屋顶

古典建筑的屋顶，是从汉代开始逐步演变定型，但形式极为丰富，如庑殿式、歇山式、悬山式、硬山式、攒尖式等，而屋顶转角处的起翘（向上翘）和出翘（水平方向凸出），更是西方屋顶所没有，它不仅有利于排水，同时具有“视觉矫正”的作用，使房屋稳定、轻快，曲线跷曲，流畅轻盈；而其色彩一般素雅明净，极易与自然的山、水、树木等协调，给人以幽雅宁静的感觉。

（二）园林建筑的结构元素

1. 园林结构元素中的“点”“线”“面”

中国古典园林的设计“点”的结构元素千变万化，几乎贯穿了中国园林发展史的全过程。中国古典园林中点的结构元素包括亭、堂、榭、阁等建筑。

亭，是园林中最常见的建筑物。它主要供人休息观景，兼做景点。堂，往往是封闭的院落布局，它是园主人起居之所。榭，常在水面和花畔建造，由于位置较佳，所以它被称为游览线中最佳的视觉景点，其建筑形式也构成了园林所有建筑当中最动人的形式之一。阁，供游人休息品茶，是登高观景的佳地，也是私家园林中最高的建筑物。

中国古典园林中线的特征是：它呈现出犹如中国古典写意水上绘画的长卷一样的空间，“由前幅而生中幅，由中幅而生后幅”，游人沿着安排好的一系列道路：廊、蹬道、桥、踏步、峡谷、轩、隧道等构成的时间、空间路线来感受园林意境与园林之美。

廊，顾名思义指有覆盖的通道。廊的特点为：狭长而通畅，弯曲而空透。作为一种连接的通道，主要表现空间与空间的关系，它是一种既“引”且“观”的建筑。所谓的桥是指，架在水面最窄处的通道。桥的设计要保证游人过水上游船通航的安全。

所谓中国古典园林中的面，是指园林中的各个景区。中国皇家造园的手法：一方面，表现皇权的至高无上，追求宏伟、华丽的气派；另一方面，表现“普天之下莫非王土”的皇权思想。这就导致了中国古典园林中的“园中园，景中景”的格局。

2. 园林结构中的“体”

所谓古典园林结构中的体，是指点、线、面所构成的区域，即点、线、面之间的关系。景点，是园林构成的基本单元。一般园林均是由若干个景点组成一个景区，再由若干个景区组成整个园林，即“园中有园、景中有景”。

园林总体形象可谓园之命脉。要塑造好园林，首先必须确立这个园的主题。如：苏州的网师园，其实是在意象“网师”（即渔翁）之情趣。“渔、樵、耕、读”，“琴、棋、书、画”之类，常为文人园之主题。或者像苏州的留园，意象的是庐山之景；扬州之个园，则无疑是以竹为主题了。

中国古典园林结构中的体，特别强调了对景和借景。所谓对景，就是相对之意。例如：苏州留园中的石林小院，院北是揖峰轩，院南是石林小屋（半亭），两者相对而观，相距只有 10 米，但绝无别扭之感。为什么？正是因为园中有无数独立的山峰，因此相互对视，景时隐时现，较为含蓄。所谓借景是根据需要，将园内视线所及的园林景色组织到园内来，成为园林的一部分。

（三）园林建筑的结构特性

1. 园林结构的整体性

中国古典园林在达到要素相对独立的同时，也达到了体现结构整体性的最高层次。结构的整体性就像一个网络——错综复杂的网络，每个要素既可以以自己为中心，又可以成为这个网络上的结点，各个结点都被这个网络连接和制约而成为一个相互连成的体系。这个网络在具体设计里指欣赏浏览的时间路线的连接、各种过渡、空间的安排、景观构成的协调处理，特别是对景、借景的应用和重点景区的布置。

中国古典园林的整体性表现手法以对景、借景为主，明清私家园林中可以表现出这一点，例如：拙政园、网师园等，每一处重要的景点不仅和近处、远处其他景点之间保持着微妙的视觉制约关系，即"看与被看"，还可以作为一个景点单独地欣赏。

园林结构的整体性也表现在重点景点的布置上。明清私家园林中多以若干空间组成的园为主，不论这个园林的规模大小，必然有一个主导性的景点或空间，内容非常丰富。从视觉与心理的两重角度来说，这个重点景观的内聚感觉极大地收敛了园林要素的个性表现空间，强调了园林结构的整体效果。

2. 园林结构的曲折性

在中国传统艺术中，曲折一直被艺术家所推崇，他们认为曲折不仅能增加艺术品的浓度，而且还能表现作品意境的深邃。明清之际的私家园林成熟地运用了这种曲折，并把这种曲折表现得淋漓尽致，原因有二：

其一，当时社会的文化欣赏审美趋向为对曲折的欣赏，市民阶层的文学艺术的发展，对古典园林结构的曲折性发展起到了推波助澜的重要作用。其二，在古典园林中各要素之间的相对独立性，也促使各要素之间的组合更自由，更加地追求丰富的变化。

园林结构的曲折性具体是通过同一或不同要素间的互相组合实现的，其中尤以建筑及由建筑围合而成的空间所起的作用最为显著。廊极为灵活多变，明计成把"曲尺曲廊"改进为"之字曲廊"，使其几乎能做任何角度、任何形式的转折，能"随形而弯，依势而曲"，强烈而自由地引导了视觉空间的转换。

园林结构的曲折性的目的是：极力避免平淡无奇、景物雷同。如果说结构的整体性是把空间转化为时间，自由而流动。那么，结构的曲折性则直接从形式创造上把有限的空间扩大，使游人在视觉感官上享受空间的深远。

上述这些结构是分别围绕"园中有园，景中有景"这个主体展开和叙述的。

以上四种古典园林的结构元素分别是从点、线、面、体四个方面来对园林结构要素进行了概括和总结。中国古典园林的主要结构特性包括结构的整体性，把空间转化为时间，自由而流动。结构的曲折性、高低变化、柳暗花明让人一唱三叹。本节从结构的角度分析了中国古典园林对当今园林规划设计的基础性作用。

（四）建筑布局

1. 自由有序，情趣自然

我国的建筑，从古代的宫殿到近代的一般住房，绝大部分是对称的，左边怎么样，右边也怎么样。苏州园林可绝不讲究对称，好像故意避免似的。东边有了一个亭子或者一道回廊，西边决不会来一个同样的亭子或者一道同样的回廊。这是为什么？我想，用图画来比方，对称的建筑是图案画，不是美术画，而园林是美术画，美术画要求自然之趣，是不讲究对称的。苏州历代文人雅士和造园者，把各自的人文思想、审美情趣融入到园林的建构中。园林中的一花一木、山水林泉、亭台楼阁，都体现出“天人合一”的思维，形成意境深远、超凡脱俗的园林艺术特色。

2. 疏密有致，黑白分明

在园林规划布局中，景物过密就会使人感到窒息，过疏则又松弛无力，因此要处理好疏密关系。园林建筑布局同样如此，才能取得完美的境界。以网师园为例，其不均匀的建筑布局，使疏密变化极其强烈地达到了黑白分明的效果。其入口两侧小山从桂轩到琴室一带，空间紧凑，建筑排列有序，分布集中，使人置身于建筑围合成的天井空间之中，加上景物众多，令人目不暇接。随廊而入，过濯缨水阁到中部，柳暗花明，豁然开朗，达到水面四周：或桥、或廊、或亭、或假山，建筑密度顿时减少，使人视界大开，心理放松；至“月到风来亭”时感到周身一丝凉意，心旷神怡；而北部“看松读画轩”与“读画楼”一带建筑又一次相对集中。网师园中园林建筑正是在这种由密到疏、由疏到密中，或旷、或奥，奏响了一首节奏强烈的乐章。

3. 巧于因借，内外结合

“因”是因地制宜，从实际出发；内外结合意思是说，园虽有内外之别，但景色并无远近之分，如遇晴山耸立的秀色，古寺凌空的胜景，凡是目力所及的，庸俗的给予遮蔽，美好的应该汲取过来。例如，在园林空间开阔的情况下，建筑物作为构景要素，其作用主要在于点景和观景，正因为点景的建筑占据着山水的“开面”部位，它们往往也是观景的特定场所，能够看得远看得尽。

4. 以围为主，高低错落

中国园林不论皇家园林还是私家园林都是在一定范围内先围合，然后在此块内进行一番精心的营造，园林建筑布局紧密地配合着这种封闭的造园方式。而在环境幽寂的地段或者小型的庭院，则用建筑物虚实高低错落地连续展开，辅以山石花木，环绕着一泓清池，一泓清池而围合成内聚的园林空间。环状的回游路线诱导人们往近处看，往身边的细致处看，另具一番亲切宁静的气氛。苏州林园中部面积不足6667m2，将地形改成西北高，东南低，以水面为中心，园林建筑沿周边整整地布局了一圈，或上或下，或轻或重，或曲或折，不断改变视角和视线方向，步移景异，美不胜收。

5. 化整为零，造型别致

苏州园林在总体布局上，普遍地运用景区划分的方法来创造功能、特点、主题不同的园林空间环境，而景区之间又相互联系融为一体。即使较大的人工山水园也多半采取化整为零的“集锦式”的布局，利用传统木构架建筑群体组合的灵活性、穿插以山石花木而将全园划分为一系列各具不同景观特色的大大小小的空间——景区。景区之间，曲径通幽，有弯曲的道路联络，更以“对景”“障景”的手法形成似隔非隔的联系。由于这些有形的联络和无形的联系，人们被引导着从一处景观经峰回路转而达到另一处始料未及的、全然不同意趣的景观。

第七章　园林工程施工的实践应用研究

第一节　园林施工新工艺在园林工程中的应用

新施工工艺的引进能够极大程度地提升园林工程整体建设水平，但与此同时，也对工程管理机制与施工人员专业技能提出了更高要求。因此在园林工程实际施工期间，相关管理人员就应从认清新施工工艺特征及原理，开展关于新施工工艺教育及培训工作入手，充分发挥出新施工工艺在园林工程中的作用，促进现代园林事业的平稳发展。鉴于此，本节主要分析园林施工新工艺在园林工程中的应用。

一、园林工程的特征

园林工程主要就是指园林景观及园林建筑的构建。在园林工程中，会涉及园路的铺设、园林植物配置等工作，对促进地区间可持续发展进程具有深远的影响。相较于普通市政工程而言，园林工程具有以下特征：第一，专业性。由于园林工程内工序较多，管理起来难度大，因此需要每一步施工环节都具有高度的专业性，要求设计部门及施工部门以协同合作的方式对施工中存在的风险进行深入的专业研究，并以此制定出相应的解决措施，以更好地提升工程施工效率；第二，艺术性。由于园林工程的重要任务是对园林景观及整体园林氛围的营造，因此在实际施工期间也应具有一定的艺术性，结合植物不同时期的色彩及形态，达到延长植物观赏周期，提升植物观赏价值的目标。

二、园林工程施工新工艺应用的积极作用

（一）提升园林植物配置的优质性

将新工艺应用在园林工程中时，有利于提升园林植物配置的优质性。具体而言，虽然我国生态资源具有较高的多样性，但被真正意义地应用于园林造景中的植物种类却少之又少，因此在此基础上应用新工艺，不仅可切实提升植物生长周期，更可为新植物品种的引进提供更加适宜的生长环境，确保园林景观更具有极高的观赏价值，从而吸引更多的游客前来观赏，更好地提升当地经济的发展水平。

（二）适应因地制宜的园林工程施工方针

由于各地区地质环境及气候条件具有明显的差异性，因此在园林工程开展期间，应用先进的施工技术也能够提升工程自身的适用性，最大化发挥出因地制宜原则的重要意

义，切实提升园林工程总体质量。

三、园林施工新工艺在园林工程中的应用

（一）雨水回收技术

在应用雨水回收技术时，需要事先确定一个适合的位置修建集水池，进而对雨水进行收集、处理和再利用。在现代园林规划设计的过程中，都会规划出大面积的绿色植被和花卉树木区域。在其后期养护过程中，必然需要大量的水进行灌溉。因此，雨水回收技术具有非常强大的实用性，提高了水资源的利用率。

（二）高边坡防护技术

在园林工程中，经常会遇到高边坡施工的情况。在施工之前，要先确认边坡的实际高度、坡度以及周边水质条件，然后再制定边坡施工方案，从而保证坡面的抗滑移性能；另外，通过高边坡防护技术的应用，还可以明显改善边坡自身的力学性能，使边坡施工得以顺利进行。在防护措施方面，主要包括植物防护和砌体封闭防护两种方式。在采用植物防护时，需要结合施工现场的地质及地形条件选择适合的植被品种进行大面积的种植，起到增强土层稳定性的作用，还可收到非常可观的生态效益；在使用砌体封闭防护措施时，需要全方位考虑施工方案，选用适合的砌体对边坡进行防护，最终达到保持水土的效果。

（三）膨胀止水胶技术

膨胀止水胶是一种聚氨酯类膏状体物质，其特点是具有橡胶的弹性以及遇水膨胀，因此它具有双重止水功效。在园林工程施工中，主要用于对结构缝、管道缝等进行封堵填充，从而起到良好的止水效果，同时还具有较强的美观性，不影响园林景观的整体效果。

（四）山石新工艺

园林工程内山石的增设不仅能够极大程度地营造出园林景观及其艺术风格，更可通过简单的加工为爬山虎等攀援植物提供生长场所，起到提升园林景观观赏性的重要作用。而在山石新工艺中，施工人员在山石结构中融合了新材料，并使其较原有结构而言，更具抗震性高、稳固性强、易运输等优势，同时施工成本较低，更加适用于大部分地区的园林工程之中。

（五）土工合成材料技术

（1）三维网垫边坡防护技术。该技术属于新型的园林施工材料，其具有类似丝瓜状的结构，可以更好地固定植被。实际上，三维网垫具有相对比较疏松的质地效果，而且具有比较强的柔韧性，能够将细石、土壤、沙子等在三维网垫内部空间中进行填充。

(2)软式透水管技术。在园林施工阶段,要尽量选择具有充足养分的土壤,避免园林工程发生水土流失现象。实际上,软式透水管技术也属于新型的施工材料,其在园林排水施工中得到了非常广泛的应用,主要是以过滤的方式进行排水,而且适用于任何土质。

四、在园林工程施工中应用新工艺的注意事项

(一)优化资源配置

建设园林工程的主要目标之一是改善生态环境,降低环境污染,而推出各项新工艺的初衷也同样如此。所以,在施工过程中,要合理配置相关资源,提高资源的有效利用率,促进各种新工艺的发展速度,使其在园林工程发挥更大的作用。例如,为了保证土地、湿地等资源的充分利用,可适当减少草坪的种植面积,加大灌木、花卉一类植物的种植量,从而合理利用水资源,还可以使用喷灌、滴灌等技术代替传统的漫灌技术,在满足植物生长需求的同时,达到节约、用水的目的。

(二)确保合理应用

在应用各项新工艺的过程中,要充分考虑到该项技术的科学合理性,还要对施工区域的地形地貌、水文地质条件等情况进行详细了解与分析,验证应用新工艺的可操作性。只有这样,才可以提高各种施工问题的预见性,降低施工过程中的各种风险隐患,确保园林工程的顺利竣工,同时保证日后使用过程中的安全可靠性。

总之,众所周知,新时期我国在城市园林景观及生态建设方面取得了重大的进展,无论是知名的一线城市,还是二三线及下属县城市建设,园林景观建设在城市化建设中有着重要的作用。园林工程建设开展离不开技术支持,高新技术的运用不仅仅可以提高城市园林景观建设水平,而且还可以提高施工效益及景观生态价值。

第二节 园林施工新材料在园林工程中的应用

园林施工新材料在园林工程中的有效落实,一方面能够为园林功能体系的构建提供更舒适的观赏空间,通过材料使用使居民的游园感观质量得以显著提升;另一方面,凭借外加剂能够有效提高植物的成活率,使园林生态体系能持续运转,以便为城市园林体系的构建奠定基础。基于园林施工新材料的应用展开分析,在明确要求的同时,以期能够为后续园林工程体系的构建提供良好参照。

一、城市园林新材料应用要求

首先,新材料应满足安全性要求。在园林工程中的应用不应对游园质量造成影响,使游客生命健康受到损害,同时需具备耐水与耐光条件,以避免游园质量造成损害;其次,新材料的使用应具备功能性,以便更有效地保护园林生态环境,同时满足游客基本使

用需求；最后，材料还应该具备生态性特点，以此避免对园林环境造成污染，使地方园林气候得以调节。

二、城市园林新材料应用分析

（一）人工草坪与合成树脂镶板

人工草坪虽然在视觉感官方面具备优势，并且经济造价较低，但在长时间太阳高温的照射下，极易使地表温度过高，并且在雨后也不利于雨水的排放，而合成树脂镶板则有效解决了排水问题，但不美观的缺点也同样明显。

（二）园林架空砖

园林架空砖材主要是根据植物水分与土壤管束需求提供的材料应用形式。借由渗水性特点，不但能够为环境与土壤之间构成网状缝隙，使空气与水资源具备流通渠道，同时借由渗水与渗水原理，更有助于形成蓄水压差，使土层微生物与根系成长得到促进，以此提升植被成活率，为园林生态体系的构建奠定更扎实的基础。

（三）塑料盲沟材料

盲沟是园林场地排水系统常见的构建形式。其中塑料盲沟基于材料的硬度、韧性、耐腐蚀性、抗老化性、轻便性等多方面优势，已经逐步替代了传统的铸铁材料，有效提升工程施工效率与质量，同时也降低了人力资源损耗的成本。

（四）陶瓷切块材料

根据陶瓷透水性与保湿性的特点，在城市园林中使用能够更好地管控场地温度，保障部分植物长势，同时透水性特点更有助于雨水的疏导，使园林地面持续保持干燥的状态，如此不但增强了园林卫生环境的管控，更有效减轻了园林管理工作的压力。

（五）合成土木材料

此类材料主要用于城市园林场地维护与功能系统的构建。在园林工程应用期间，合成土木材料可分为透水软管与三维垫网。其中，透水软管材料外壁具备透水性与过滤性特点，在埋于地下时，能够通过毛细管道将土壤中的水分渗透入软管内，以此满足园林场地排水的需求，以便持续避免园林场地存在积水的状况，同时更便于水资源的回收利用，以便园林植被得到更好的水资源供给。

（六）草坪增绿剂

在城市园林体系构建与培养过程中，草坪经常会因为地方气候环境或土质问题导致叶片变黄或染病。在此种状态下，不但极易影响城市园林的感官质量，难以为生态城市工作的开展奠定扎实的基础，同时在染病或虫害期间，更极易使周边生态与生活环境受到污染，更影响了城市居民对生活质量的要求。因此增绿剂的应用能够有效提升草坪的感官质量，同时基于增绿剂药用元素，更能够有效抑制虫害与染病概率，以便草坪质量得到保障。另外，草坪增绿剂中含有螯合铁成分，在应用于草坪管理过程中，能够有效促进草坪的光合作用，使春季草坪能更早发芽，并有效推延了秋季枯萎期。而从冬季成长角度来看，此类药剂因为内部含有特殊着色成分，所以具备极高的吸热能力，能在草坪成长时提前将霜雪融化，并将融化后的自然水融入土壤内，使土壤肥力得到显著提升，如此无疑也增强了草坪种植的质量。

（七）抑制蒸腾剂

抑制蒸腾剂是降低植被水分蒸发速率的保护型材料，在作用期间，不但能够有效降低园林工程中水资源的损耗，同时更能提升植被成活率，以此提升园林工程植被管理质量。在抑制蒸腾剂使用过程中，主要是通过喷洒措施将药剂覆盖于植物叶片及枝干外部，由此在植物表面构成一层保护膜，使植物气孔被封闭，降低植物新陈代谢的速率，让呼吸作用持续运转，使植物的长势具备充足的空间，同时能够抑制水分的流失，使植物成长持续且有稳定的资源支持，自然便能够提升植被的成活概率与质量。因此，根据药剂的特性可知，此类药剂经常用于植物移植与运输前后，并在高温且干旱的地区应用较为广泛，但在实际应用的过程中，根据以往园林资料可知不能与碱性农药混用，否则极易对植被质量造成损害。

（八）植被生长调节剂

植物生长调节剂属于园林施工的新材料，其一般多适用于调节植物生长和发育，属于农药类型，其中包括人工合成化合物及以生物提取而成的天然植物方面的激素。绿化种植过程应用较为广泛，具有明显的生理方面效应，对植物的生长和发育情况来讲，具有较强的控制和调节工序。对目标植物来讲，植物生长调节剂具有外源非营养方面的化学物质。一般情况下，能够将植物自身传导到功效的位置，通过较低浓度推动或抑制植物生命生长的各个环节，使之能够满足人类实际发展的需求。但基于不同植被类型需要提供的调节剂也各不相同，所以在使用调节剂的过程中，通常需要根据植被成长要求进行全面分析，而后再选择适当的调节剂，才能确保植被长势较好。另外，在指定位置或范围使用生长调节剂，能够使目标植被的成长速率与效果更便于掌控，并且在部分植物生长调节剂使用过程中，因为高浓度或特异性的条件，同样能够作为除草剂应用，以便园林景观的营造质量得到有效提升，使植被官感得以显著提升。

（九）抗旱保水剂

抗旱保水剂又称土壤保墒剂、抗蒸腾剂、贮肥蓄药剂或微型水库，是一种独具三维网状结构的有机高分子聚合物。它在土壤中能将雨水或浇灌水迅速吸收并保住，变为固态水而不流动不渗失，长久保持局部恒湿，天旱时缓慢释放供植物利用。它特有的吸水、贮水、保水性能，在改善生态环境、防风固沙工程中起到决定成败的作用。

与此同时，抗旱保水剂具备肥料与农药调控的能力，借助保水剂控制促成长元素的释放效率，使其更适用于植被的采集需求，以便农药与肥料的利用率得到显著提升。另外，从抗旱保水剂功能角度来看，还有以下优势：(1)抗旱保水剂不具备毒性，在使用过程中借助保水剂可有效降低水土流失速率，并且在分解后能化作 CO2、水和植物需求的离子元素，不会对自然环境造成任何污染；(2)在抗旱保水剂使用期间，能够有效抑制水分蒸发，使植被成长过程中的水资源损耗率直线下降；(3)借助抗旱保水剂可有效改善土壤结构，提升潜藏隐患的土壤质量，同时更便于微生物的发展，以便提高土壤内有机物的利用水准；(4)抗旱保水剂具备效用时间长的特点，可借助内部聚合物反复吸水或释放长达6年之久，如此也降低了城市园林维护成本的损耗率；(5)抗旱保水剂在使用期间，能够将自然环境中的雨水或雪水在土壤中汇集，并借助土壤元素使水资源内肥力得以激发，能够持续为植被提供充足的营养供应条件；(6)抗旱保水剂分子膨胀后会变成胶体状，长时间处于水环境中不会导致植被根系溃烂。

园林新材料的有效利用，不但能够为园林植物成长质量奠定更坚实的基础，同时更可以为游园质量提供保障，使园林工程满足安全性、功能性与生态性的要求。故而，在论述园林施工新材料在园林工程中的应用时，必须明确新材料特性与园林需求，才能为园林工程体系的构建提供更全面的技术保障。

第三节　工程机械在园林施工中的应用

园林工程在城市中具有重要的环境绿化作用，随着社会经济的发展，园林工程逐渐被人们重视起来。本节分析了园林工程中各种工程机械技术的应用方法，以期能够促进园林工程的发展。

在传统的园林施工中，由于本身技术力量比较薄弱，经常会出现各种施工问题。目前，随着科技与经济的飞速发展，施工技术也有了极大的改进，很多全新的工程施工技术被逐步应用到园林施工之中，对于园林工程的发展有着极其重要的促进作用。

一、园林工程施工原则

资源最优原则。我国地域广袤，资源丰富，被称作世界园林之母。而在园林工程中，不同的资源搭配能够形成不同的园林景观风格，因而需要在园林工程施工中对我国的植物资源进行优化配置，落实资源最优原则。这样才能充分将我国多样化的植物资源发挥出最大效益，建造出配置合理、物种多样、景观独特的园林系统。

环境原则。城市本身的自然环境有着较为明显特点，需要针对性地开展园林工程施工规划。在我国不同的地区有着不同的气候，生态环境也随之不同，因而在园林工程施工建设中需要遵循因地制宜原则，采用最适宜的树种，将自然环境与园林风格完美结合起来，而不是单纯地追求四季常青。同时，还应该兼顾本土树种，依据针阔混杂、叶花并种的原则进行规划，从而达到与环境相契合的目的。

二、园林施工中的新工程技术

（一）施工测量技术

在园林工程施工过程中，测量技术是最为关键的一步。通过科学合理的测量方法来得出地域环境的各项数据，依据数据资料进行施工规划，方能够实现科学规划。在测量过程中，首先需要检验水平仪，防止仪器存在故障而导致测量出现较大的误差。其次，在测量时需要依据设计方案中的平面点进行，测量结果与提出的数值存在较大差异时，需反复测量，若是发现设计人员给出的数据有误，就需要设计单位复测。当测量结果与设计一致时技术人员设置护桩，作为施工依据。

（二）高边坡防护技术

在园林工程施工中，通常都会对堆积体高边坡以及本身就有的自然高边坡进行一定程度的施工。首先，需要设计人员制定高边坡防护施工方案，结合施工地域的自然环境等实际情况，测定高边坡实际的高度、坡度以及水质条件等。而这需要对边坡地下水分布以及岩体结构有明确的了解，从而保证测量数据的准确。然后，在堆积体高边坡施工时，需要最大程度强化高边坡的强度，增强抗滑能力，从而保证高边坡的稳定，避免松散滑脱等情况。

（三）新铺地技术

在园林施工中，道路是重要的组成部分，因此需要具有专门的铺地技术，从而保证园林工程能够达到预期的目标与效果。铺地技术中，较为常用的是混凝土路面技术中的真空吸水方法，这种方式能够极大的发挥脱水效果，从而降低水灰比，使得混凝土能够更加凝实，还能够进一步缩短路面保养的时间，延长实际使用寿命，从而提高资源利用率。而在进行园林草场以及广场施工时，可以采用真空吸水方法进行铺砖嵌草工序，从而提高施工质量。

三、园林工程中的技术应用策略

在园林施工过程中，需要进一步提高施工人员对施工技术的认识，依据不同生长习性的树木进行施工，从而达到合理搭配树种的目标。其次，山石的搭配也需要考虑山石自身的特性，在保证安全性的情况下实现美观要求。园林工程施工建设最主要的目的在于资源的优化配置，因而在建设中需要尊重客观建设规律，在保证安全的前提下进行施工。

随着社会科学技术的发展，城市化水平正在逐步提高，园林工程在城市绿化中具有关键作用。因此，在园林工程施工过程中应用更多的工程机械技术是提高园林工程施工质量与水准的必然选择，而这就需要施工人员重视新技术的探索和开发，不断地解决新问题、新情况，勇于创新，才能够建造出更美观更协调的园林工程。

第四节　园林工程中假山施工技术的应用

改革开放以来，我国经济和文化建设飞速发展，随着人们生活水平的进一步提高，我国城市居民对于园林山水的品质和环境有了更高的要求，因此，城市中的园林数量和园林品质都不断提升，为居民生活的多元化增添了悠闲娱乐的元素。园林假山是园林风景造型中重要的组成部分，它决定了园林风景整体的质量和层次感。当今的建设人员应从园林工程，假山施工技术的细节和缺漏入手，对园林假山的布置和安插进行细致地讨论和探索，从而提升整体的园林工程的品质，为城市居民打造更好的生活环境。

园林中的假山以造景为主要目的，用天然或人工的石块筑成仿真的山峰山峦，从而达到较好的装饰效果。假山作为中国自然山水园林的重要组成部分，继承了中华传统文化中形神兼具的特征。郑谷在《七祖院小山》的诗中写道："峨嵋咫尺无人去，却向僧窗看假山"，说明了中国古人对假山的喜爱和珍惜，也说明了中国园林假山的无穷趣味和深意。因此，在园林假山施工技术的应用中，不仅要考虑假山的布局规划和所在位置，也需要分析假山的用料，了解和划分假山的形态和风格，从而提升园林造景的整体水平。

一、园林假山的应用效果和分类

（一）分类与组成

按不同的分类方式，假山有不同的分类方法。从产量上来说，假山可分为石山、土山和土石相间的假山——土山戴石或石山戴土。从施工方式可分为筑山、掇山、凿山和塑山。按照园林中的位置，可以分为园山、厅山、楼山、隔山、书房山、石山、和兽山。总体而言，山体包括峰、峦、顶、峡谷、丘壑、山岗、岩壁等，山和水体交相融合，化为一体，在园林景色的装饰中起到了很大的作用。

（二）应用效果

假山造景的效果多样，首先它有划分园林地区空间的作用。园林中的山水元素多样繁杂，单一的视觉和空间效果并不足以表达中国传统园林之美，因此，假山在园林中便起到了分隔空间，增加视觉层次感的重要作用。与此同时，园林还有增加自然生趣的作用。园林的假山多用人工仿制或天然的岩石，进行自然山体的模拟，在园内形成了一座小型的山。这样的情境构造，会让游人误认为进入大自然的怀抱中，从而增添园林整体的自然风情。除此之外，园林假山还有组合、中和、交融的作用。

二、假山施工技术讨论

（一）前期布局和设计

园林假山的前期设计，决定了假山的整体品质和规划布局的合理性。假山布置和设定的最根本原则，便是“有真为假、做假成真”，这就要求设计师在布置假山时，既要追求精致和艺术的美感，又要让假山化为真实景致的融合组成部分。布置出的假山如果似真非真，虽假犹真便是最佳。

在云南省小白龙国家森林公园的设计过程中，设计人员制定的设计方案和位置布置主要有以下几种。首先，考虑了相地布局的设计办法，这是一种结合环境确定山水间架和山水形式的布局方法。他们就假山与水体之间的界限，以突出假山的主体位置和强烈的视觉优势，这样的布局办法，可以让游人直接欣赏到假山的雄伟气势和磅礴巍峨，主要用于较为雄伟，气势较大的场景布局中，例如在小白龙公园的瀑布景点周围就可以进行这一类型的布置。而腾冲森林公园中，假山的布置办法则多用依水合山的布局办法，这种布局技术讲究水体和山脉的自然融合，多用零碎的石体材料，拼凑成具有整体艺术价值的假山。讲求石头间的护咬和叠层叠加，可以将山水自然地融为一体，给人以柔和宁静的视觉效果。

除了以上的总体布置安排以外，假山建设动工前，还应考虑当地的施工情况。第一，施工人员要注意施工处的地理自然条件，假山建构人员应考察假山建造处的水质、土质、路面稳固度，考虑假山所在位置的风力大小，注意人群过往的安全细节。第二，充分规划行人的视野和观赏视角，设计者应该考虑行人与假山之间的高度差，在保障总体效果的情况下尽量规划出有代入式观赏感受的方案。最后，在所有图纸计划和施工细节都完成后，细致地分析施工区域的大小和填挖土标高，对施工现场进行定点定线的区域规划，进一步做好整体坐标图纸测绘工作。

（二）假山的基础施工

假山的基础施工是保证假山质量牢靠，不受风力、环境、雨水干扰的重要前提。假山基础施工的稳定性能增益，主要从假山山体的高度、施工办法、假山材质强度、土壤地基的固定等方面入手。假山基础面积应大于假山山体的面积，施工人员在条件允许的情况下可以尽量扩大假山基础的总体面积和深度，从而为假山根基奠定稳固的基础。

在云南昆明市区的人民公园建造过程中，建造人员就讨论了假山施工方式方法。我国的园林施工主要采用木桩基础施工和混凝土基础施工，从稳固性能上来说混凝土基础施工的稳定性较强，施工速度较快，成本造价较低，是当今主要的假山基础施工运用办法。但是木桩基础施工作为高端园林和特色园林的基础固定办法，也有着一定的运用市场。木桩基础施工需要保持 20cm 及其以内的间距，使用梅花桩或五行桩的方式进行排列。从美观程度上来说，木桩基础施工更为自然浑真，有着更高的艺术欣赏价值。最终选择了综合性的假山基础施工方式，结合两种基本方法进行施工。在各位同仁的假山施工基础设置上，还要根据园林造价和园林地势情况进行选择。

（三）施工细节探讨

在昆明市金碧公园的施工过程中，施工人员就假山山体的堆砌细节进行了细致的商议。除去一些整体化的塑型假山之外，大部分的假山都是由人工规划和堆砌完成。因此，在假山基础施工完成后，施工人员就要细致地堆砌假山。在假山底层需用硬度较高，面积较大，底盘稳定的假山石块，从而进一步加强假山的稳定性能。

最终商议决定，在金碧公园假山群中间部分的山体，在保持假山山体稳定平衡的基础上，尽量增加中段山体的美感。选用带有特色和构造特点的假山石块，根据山峰山轮的分体情况进行布置。顶部作为假山最凸显的地方，具有很高的观赏价值。与此同时，在花坛区假山的布置堆砌过程中，也加强了对顶端的审美和规划，运用不同的山峰创造出不同的假山群气势，在建造假山时如果想要塑造，气势磅礴，雄壮巍峨的山峰就可以选择转折锋利、体积较大、山峰明显的石块。如果想要建造秀美的风景，就可以采用由流云峰和堆秀峰的创建手法，用飘逸俊美的剑石进行顶端造型，从而营造出云雾缭绕、俊美流畅的山峰气势。

（四）后期调整与养护

想要延长假山的使用寿命，保证它的视觉美感，就需要对假山进行细致的维修和养护。通常假山的维修周期为 2 ~ 3a，主要包括的内容有表面修补上色和内部骨架的加固稳定。假山维修人员需要修补假山的表层，对已经风化和开裂的山体进行水泥补浆和上色。对脱色、褪色、掉色的山体部分进行喷涂和调匀。内部骨架的加固方面指的是支撑加固假山内部的钢铁结构和山体主心骨，从而加强假山的整体稳定性能。

假山造型施工作为我国园林造型的重要组成部分，有着较高的难度和较为苛刻的审美要求。作为建设工程师应更加细致地思考当今假山的布置和建设情况，提升假山的布局层次、增强假山的基础结构稳定性、丰富假山的山顶设计理念、做好假山的后期维护保养工作，从而提升中国园林的建造质量，提高中华传统文化产业的竞争力，将中国园林假山建造技术向更高的层次推进。

第五节　园林绿化工程园林绿化施工新工艺的应用

随着我国城市化进程的加快，对于整个城市的形象和环境质量也提出了更高的要求，这就表示城市绿化工程的作用也更为明显。园林作为整个城市中非常重要的一部分，为了更好地突显出城市的面貌，施工人员则可以选择全新的施工工艺，用于确保整个工程的质量和效果。基于此，本节首先介绍了园林绿化施工中的新工艺，接着探讨了新工艺的应用措施，以期为相关人员提供一定的参考。

园林作为我国政府和人民都非常关注的项目之一，完善各项工作，不仅可以提高城市的经济效益，还能起到改善环境的作用。因此，具体实践的过程中，施工人员在使用新工艺的时候，也应该遵循植物发展的基本规律，实现跨区域引种工作，尽量丰富局部地区植物的种类。同时，也要合理化地配置施工资源，结合当地的自然环境与人文环境，真正地保证绿化工程能够取得一个良好的建设效果。

一、园林绿化施工中的新工艺分析

（一）新材料的应用

当前，我国园林施工中的新材料有架空砖、透水软管、万能支撑器，或者是其他的合成材料等。架空砖是园林施工阶段，必不可少的一样材料，具备一定的渗水性，将其应用到路面施工中，具有一定的优势性，能够让基础土层和架空砖之间形成一个网状结构缝隙，将其看作是雨水流通的主要场所。透水软管一般是由一些天然的材料所组成的，并未添加任何的再生材料，所以具备质量强、纯度高的特点，在园林工程中具有非常独特的应用效果。同时，随着科学技术的快速发展，合成材料的应用也愈加广泛，其中比较突出的是三维网垫边坡防护，具有较强的韧性，具备巩固植物生长的能力，而且还能将植物的根基深深地埋入到土中。

（二）新工艺的应用

园林绿化工程中，有不少新工艺，比如在铺地工艺这个方面，就有一些新的方法。例如，在青砖园路的铺装中，开始之前，施工人员应该按照设计图纸的相关要求去确定整个青砖的规格、尺寸，将那些不合格的，如裂纹、缺边的青砖都挑选出来。同时，还要做好弹线工作，尤其是一些人字纹、斜柳叶等各种面层模式的园路，都可以预先地铺设一段，查看面层是否合适，然后再去进行大面积的铺装。还有一种是水泥面砖的铺设工艺，工程施工中比较常见的水泥面砖，是由水泥和砂等原材料在经过机械搅拌而成的，同花岗石相比，颜色和类型也更为多样化。因此，施工人员在铺设之前也应该对颜色和花纹进行分类，对于那些有缺陷的面砖要剔除掉。铺地之前还可以选择采用吸水工艺，有效地解决混凝土中的裂痕问题，极大地提高整个园林绿化的施工时间，为园林景观的发展提供技术上的支持。

（三）新技术的应用

边坡绿化能够有效地缓解生态环境污染等问题。具体实践的时候，第一点是做好边坡土地样本的检查工作，按照土方放样的基本特点，设计人员应该准确地掌握当地的高度、差值等情况，然后了解当地的地区环境，这对于整个施工工艺设计具有积极的作用。第二，在园林边坡的边缘放置一些土壤，然后在土壤上设置网状结构，这样也能确保整个植物的顺利生长。但是需要注意的是，一定要确保幼苗的供应量，秉承着因地制宜的原则去选择那些质量更高、更好的幼苗。让专业人员对植物进行管理,防止有人恶意破坏。当前我国工程实际施工的时候,植物防护和砌体防护是比较常用的高边坡防护技术。前者一般是结合施工现场的自然环境和具体情况,将植物种植在边坡的周围,这样就能达到提高土层强度、保持水土的作用。而砌体防护则是利用边坡去进行砌体施工,这样能够有效地提高整个边坡的强度。实际上,这两种方式都能达到各个边坡结构和地层表面共同作用的效果。此外,在倡导绿色、环保的理念下,园林工程中还可以采用水循环技术,将施工中产生的雨水、废水等进行深加工,然后将其中的杂质都处理掉,最后利用这些水资源对园林中的绿色植物进行浇灌与养护。整个水循环利用系统中,还包含了多个不同的集水槽,连接着输出端的蓄水池,水泵中也安装了多个喷头。这项技术的应用,保证了园林施工中水资源的稳定性。

二、绿化工程中施工新工艺的应用措施

(一)合理化的配置施工资源,实现施工工艺的可持续发展

在实际施工的时候,应该加强对资源的优化配置,在此基础上对园林中的湿地、林地和土地等,进行相应的优化处理,这样也能更好地发挥出资源的价值。例如,在某工程铺装施工中,首先,施工人员要做好混凝土的制备工作,按照施工现场的实际情况来配制相应的原料,做好质量上的把控工作。分析和研究施工中的影响因素,利用当地的资源优势,避免在施工过程中存在一些管理误区。其次,做好模板的安装工作,按照施工现场的图纸来进行安装。还要对土壤进行合理化的检验,从酸碱性和透气性方面出发进行土壤评定,假设和标准产生了偏差,就应该积极采取相应的解决措施。在条件允许的情况下,可以在土壤中的相关部位添加碎石、砂子,真正地做到合理应用,节约成本。最后,在绿化部分方面,一定要秉承着“就近”的原则,按照当地的自然条件,选择合适的树苗。栽种填土的时候,可以选择采用分层压实的方式,尽量不留孔隙,而且栽种以后一天内必须要对树苗的根系浇水,确保水分能够吸收,这样才能提高整个树苗的栽种成活率。

(二)注重新工艺的应用规律,确保路面的干净、整洁

园林景观本身就是属于自然生态的一种,因此,施工人员在应用这些新工艺的时候,也必须要结合自然界中客观规律,这样才能取得一个良好的园观效果。在园林绿化中的反季节施工,就应该坚持土壤和树木相适宜的原则。一方面是树木对于土壤的适应性,将土地和气候等条件因素考虑在内;另一方面,则是土壤自身的兼容性,假设这类植物不适合栽种,就应该为它们提供一些有利的生长环境。同时,还要做好植物的养护工作,例如,在春末养护阶段,温度可能比较低,而且升温慢,甚至会出现倒春寒的情况。这时候,施工人员就要做好相应的防寒工作,定期检查,发现漏洞要及时修补。还有就是在夏末秋初的养护中,5-8月的时候,树木抽枝比较长,这时候要适量地灌水、施肥和修剪,做好

雨季的排水工作。冬季时，则是做好冻前的准备工作，在完善了防寒工作以后才能给树木进行基础性的施肥。

（三）增强新工艺的可预见性，促进我国园林事业的全面发展

园林工程在现代化城市建设过程中具备非常重要的作用，所以在施工的时候，工程项目不仅要合理与科学，还应该具备长久的特征。园林建设的过程中，会受到气候、地质、人文等多个方面的影响，这就要求管理人员应该具备深厚的技术水平，充分意识到这些潜在内容的重要性，然后在此基础上去进行相应的技术性分析，确保新工艺的可行性。在应用新工艺的时候，选择将网络图融入其中，将整个工程计划分为几个不同的阶段，然后制定相应的施工计划，按照各个阶段的施工内容，确保整个系统的有效性和预见性。需要注意的是，要提高施工的可行性，就需要减少施工的材料，避免材料的浪费，这样才能真正地促进我国园林事业的全面发展。

随着城镇化进程的加快，园林绿化建设的规模也在扩大，人们对于绿化工程的要求也就越高。在新时期背景下，园林工程部门也应该加大对新工艺和新材料的应用，明确园林工程的施工重点，制定完善的施工方案，采取全新施工技术开展施工，这样才能提高整个工程的质量和水平，满足大众对于城市的审美要求。

第六节 花镜种植在园林工程施工中的应用

随着人们精神享受需求的不断增加，将自然的景观引入到私人的生活空间中来，也越来越受到人们的喜爱。花镜是一种非常好的选择，花镜的应用形式也是多种多样的，植物的种类非常的丰富，形状特别的自然美观。本篇文章将简单地介绍一下相关的花镜种植在园林施工过程中的具体应用，希望可以给大家带去一些启发。

花镜指的是模拟林地边缘上各种野花以及野化的交错生长模式，使用地块的边缘位置，园林景观的位置以及其他的一些区域，种植一些花卉和花灌木等，然后进行相应的艺术造型，形成一种比较自然化的景观。它的主要材料就是使用多年生的花卉以及灌木，包含球根，常绿花卉和多年的灌木等，根据美学和相应的生态学原理进行种植，可以在色彩以及季节性景观技术上实现相应的平衡，是比较自然以及和谐的一种植物景观。

一、花镜植物的具体应用

（一）重视花镜的设计要点

①植物的相关配置必须要具备三维感以及空间感。花境当中的植物区域大部分都是封闭性的自然曲线，因此应该将植物或者不同类型的植物混合种植在一个区域之内，每一个区域当中的植物都应该进行成丛的方式进行种植。②植物相应的株高设计一般都会采用前面低后面高的方式或者中间高周围低的方式进行具体的设计，这样可以非常

地便于显示花边框出向上的一种景观效果。③如果环境的空间比较大，想要做一些比较小巧的设计，可以通过植物的相应分段来确定具体的长轴，以表现出相应的节奏感以及韵律，具体的管理以及查看将受到长轴的具体影响。④如果花边界是短轴的，视觉欣赏的范围比较宽，那么会造成浪费，也不能很好地反映出一个过于狭窄的社区的美丽。通常，花田的单面视图大致为 2.3 m；花田的侧视图大致为 4.6 m。整个混合花边框大致为 4.5 m。简而言之，应该设计比较合理的宽度。⑤另外，设置背景以便于单面进行查看相应的花边框是非常有必要的，相应的绿树墙或者高树篱是非常理想的一种背景。作为一般的相关花边框背景的设计，应该根据具体的设计位置进行相应的选择；墙基以及各种围栏应该设置为绿色或者白色。

（二）花镜植物材料的具体选择

①植物相应的生活习性必须要和种植地的相关生态环境相适应，使设计的相关花镜可以全天候地开花，要清楚地了解四个季节的具体风景，必须要充分地考虑植物以及土壤环境的具体适应性。②应该选择那些不需要进行特殊护理并且可以在当地的冬季进行暴露的多年生花，并辅以少量的一两年的小花以及球茎花。③花境是可以极大地表达相应的植物花卉或者植物区之美的一种构型形式。因此，选择的相关花境植物应该是花形或者植物型的，具有比较独特的叶片形状以及色彩比较的艳丽。季节性的花镜应该有不同的开花期，比如带有相应的阔叶、剑形或者针形叶子的相关植物，或者多年生的比较高大的植物以及花朵。同时，我们也应该追求那些美丽或者花朵的具体形状，植物的相关类型，叶片的形状以及叶片颜色的具体组合等，一定要做到和谐美。④为了更加地便于管理以及降低相应的投入成本，花镜植物应该进行粗放式的管理，要适应丰富的季节变化，最好可以进行自然的繁殖，这样观赏期就比较长。

三、花镜设计的相关原则

（一）注重自然美与整体美之间的融合

在配置花镜的时候，我们必须要同时地注意单个植物的自然美以及不同植物之间的整体美。比如，游客可以在四周欣赏多面的花镜，花镜的中部应该种植一些高花灌木，应该在其周围布置一些比较短的多年生的根花，这样可以达到空间的分散效果。如果将单面的花镜设计为相应的三维层次感，那么后面的背景应该种上比较高的一些花，比如灌木，矮个的应该种植在前面。为了可以长时间地达到相应的观赏效果，可以与开花期不同的具体植物进行比较合理的搭配种植。

（二）花镜的组团效果

可以将 3-5 个的花镜植物进行相应的组团，这样可以方便地展示花镜的组团效果，并且这些组团可以形成不同形式的图形，可以很好地匹配周围的具体环境。我们不仅应该关注花朵的具体美丽，还应该考虑相应的植物叶子和整个植物之间的整体美丽。布置具体的花境时，应该选择那些顽固而有活力的具体植物。这些植物不需要进行特别的照顾。哪怕有一种植物开始枯萎，那么附近的一些植物的树枝以及树叶可以将其进行覆盖。

（四）花镜种植的相关形式

（1）在一些相应的风景林边缘位置会种植一些草坪，这样就可以比较适当地处理该区域的相关链接，使整体的感觉更加的具备流畅度。作为一种过渡的植物，树木以及灌木可以比较完美地展现出森林带的具体背景色，可以将它们排列成很好的一条带，以更好地展现园林的具体气势。为了更好地和乔木以及灌木园林配合，就需要其边缘区域的相关花镜向人们展示一种更加丰富，更加多样化的具体三维层次感，这样就可以达到四周观赏的具体目的。

（2）可以在比较比较宽阔的草坪上放置相应的花镜，最好是可以在两侧都能够清楚地看到。双面的进行观赏花镜非常的有利于丰富相应的景观，使人们可以更好地享受多种的三维层次感。花镜的附近还应该设置一条游客的步行道，这样不仅可以让游客在附近进行具体的观赏，而且还可以更好地将空间分开，非常的方便规划游览的具体路线。

（3）墙基前设置相应的花镜。可以在具体的栅栏，低层的建筑阳台以及挡土墙的地基前面设置相应的花镜，这样可以实现建筑物与附近自然景观更加完美的融合。但是，应该注意的是，花镜的植物相关品种在相应的花朵，叶子，植物形状，植物高度以及具体的颜色等方面必须要做到有所不同，这样才可以实现色彩鲜艳的具体变化，比较丰富的叶片形状以及具体的层次感。

总体而言，这种花镜的艺术形式在管理方面非常的方便，比较的经济实惠，外形又比较的美观，不仅可以表现出非常良好的景观效果，还可以体现处具体的生态意义。相信，在不久的未来，我国园林工程当中花镜的绿化水平将会变得更高。

第七节　细节处理在园林工程施工中的应用

随着经济的不断发展，园林工程行业获得了更多的发展机会，呈现出快速增长的趋势。与此同时，随着城市化进程的加快，人民生活水平的提高，对身边的园林绿化景观也有了更高的要求，因此，园林工程的施工过程就需要更细腻的技术要求。目前，在细节处理上，园林工程施工仍然存在一些问题。本节就细节处理在园林工程施工中的应用进行分析，并针对其存在的问题提出一些建议。

一、细节处理在园林工程施工中的应用

（一）土方工程

细节处理在园林工程施工中的应用体现在土方工程施工中。土方工程是建设园林

工程的一项基础性工作，对园林工程施工的整体质量有着关键作用。为此，土方工程施工中的细节处理有必要性作用，以此保障土方工程的施工质量。首先，在土方工程施工前，工作人员必须对施工位置进行勘查，确定其位置、地线和管线，根据设计标高算出所需土方量进土，然后按标高设计挖填整理，之后结合实际情况制定施工方案。其次，植物与土壤如同人与饮食。园建基础常见碎砖渣土作垫层，然后用挖掘机碾压夯实，再铺碎石找平，虽逊于素土分层夯实碎石找平，却未尝不可；但绿化景观对地基和种植层土壤要求高，马虎不得也将就不得。地基除无毒无害外还得排水通畅，种植层以壤土最好，土壤厚度大乔木区域 1.5m 以上，乔灌木 1m 左右，地被草 50cm 左右。为减少渣土出运常就地深挖掩埋或转做园建地基；进土方比测算量多 30% 为好，因为有沉降和损耗，加之多余的种植土也能被绿化微地形消化，所以土方宜多不宜少。最后，南方大部分土壤偏粘，团粒结构较差，透水透气性不理想，树木栽植或因土壤湿度较高造成落叶烂根乃至死亡，对于土质较差的地方建议在树穴四周放置一些肥料改善土壤。

（二）苗木种植

细节处理在园林工程施工中的应用还体现在园林植被的种植。苗木到场验收合格后，及时疏枝打叶，大伤口涂抹愈合剂。抢工种植，以最佳观赏面放在主视线上，土球周围填营养土压紧实。对于新种树木来说，水分平衡是保证成活的重中之重，因此要抓住树木栽植后的几个重要时段进行水分供应。首先是植后的定根水。注意结合速生根和根腐消，必须在栽植后 24h 内进行，并且要浇足浇透，同时视天气情况和树木蒸发量及时补充水分，但对棕榈、木兰科等多肉根系树种，切忌浇水过多，否则极易造成烂根死亡现象。如遇多雨季节，应及时采取各种排水措施，以防积水。同时在高温季节要适时进行枝干和叶面喷雾，喷施蒸腾抑制剂确保树木成活，因此维持水分平衡成为园林工程后期养护的重要环节。

（三）硬质景观

随着人们生活水平质量地不断提高，人们对审美的要求也随之提高。在园林工程施工中，硬质景观的细节处理是满足人们对审美能力和水平要求的有效方式。硬质景观是我们通常所见的园路、台阶等，这些硬质景观与园林植被相互呼应，有效衔接是提升硬质景观管理质量的措施，并且越来越多的新技术和新材料被广泛运用于园林工程施工中。在园林工程施工实践过程中，工作人员需要掌握好实际路况情况，控制其缝隙之间的大小和深度，确保伸缩缝合理衔接，避免出现错台或者断裂的现象，保证园林的完整性，发挥园林的实际作用和价值。

二、细节处理在园林工程施工中应用的措施

（一）细节处理应用在园林施工设计中

针对细节处理应用在园林施工设计中出现的问题，应当采取有效措施，使园林工程施工的质量得以提升。具体措施为：①应当注意细节处理设计的图纸、施工方案、施工勘查等方面。园林设计者，应当注意根据实际情况设计图纸，细节处理园林建设的目的、植物色彩搭配等方面，并且在不断地实践过程中调整设计方案，保障设计方案的顺利进行。同时，加强与施工单位的沟通，运用合理的设计理念帮助施工单位进行施工活动。②工程投资管理方应当加强与园林设计者的沟通，积极参与园林施工设计的工作，共同促进园林工程设计施工顺利进行。③提升园林设计者的专业能力和施工人员的技术水平，可以采取培训、引进的方式对其进行管理，以此保障园林设计施工的质量。

（二）细节处理应用在园林施工管理中

在园林工程施工过程中，针对其园林施工管理方面出现的问题，应当细节处理园林施工管理，主要措施是建立健全园林施工管理体系。首先，针对施工人员存在的问题进行严格的监督管理，增强施工人员园林施工质量的意识，严格要求施工人员按照标准的技术要求开展施工活动，并且严格把控园林工程施工的质量。其次，针对园林植被种植过程中出现的问题，应当加大监管选好苗木的力度，对采购的园林植被质量进行严格排查，保证植被的景观效果和存活率。最后，加强多方面的园林工程施工管理工作，细节处理到园林工程施工过程的每一个环节和每一个人员，进行多方面的交流配合工作，保证园林工程施工管理工作的顺利进行。

第八章 园林工程施工管理

第一节 园林工程施工管理问题

本章指出了园林工程施工在美化城市生活空间、提高城市居民的生活质量中占据举足轻重的地位，其不仅是城市建设成果的直观体现，而且还反映出一座城市的精神面貌和现代人文理念的层面。还探讨了现阶段园林工程施工过程中存在的一些问题，提出了有效的施工管理措施，以提供参考。

园林工程是城市建设工程中的重要组成部分，园林工程施工技术和管理水平，是影响园林工程进度和质量的直接因素，也是关系城市建设发展的重要条件。但是就目前园林施工现状来看，许多施工企业并没有给予园林工程施工技术和管理工作相应的重视。也正是因为这种情况，直接影响了我国园林艺术工程的总体发展水平。所以，本节针对园林工程施工中存在的问题进行初步分析，并提出了具体可行且有效的管理措施，以供参考。

一、园林工程施工存在的问题

（一）绿化立地条件处理不重视

土壤是园林绿化的主要载体。水田、旱地、山脚冲积地等的表土是城市园林绿化的最佳种植土，如果将其大量挖运进城回填，就会对周边的林地、耕地造成严重破坏。同时城市建设中产生的大量建筑垃圾，不时被偷排到城郊的周边田地，也会毁掉了不少耕地。近年来由于城镇化的快速发展，城市绿地也在日益增加，对于种植土的需求也在不断增长，加上政府对耕地保护力度加大，使得三线以上城市大中型园林项目的合格种植土基本上无法满足需求，从而导致许多园林项目在种植土回填中掺杂着大量的建筑余泥、石块、山土、各类垃圾等，严重影响了绿化苗木的生长势，以及日后管养和景观效果持久性。

（二）施工质量把控不严

在进行园林建设施工时，由于建设内容通常都是一些功能性小房子、亭廊、楼阁、水榭、花架，或是一些水景、地面铺装、假山雕塑等小型建筑物或构筑物，一般没有委托第三方检测机构对地基、材料、成品进行强制性检测，因此没能引起施工人员对结构质量的足够重视。由此引发出对施工工艺要求不高，对施工设计要求执行力度不足，只注重表面效果，忽略基础性施工工艺的监控的问题，对隐蔽内容擅自删减，马虎应付，严重影响设施的正常使用。另外，还经常会出现工程竣工验收交付后在使用期间出现砌体开裂，或广场和园路下陷、积水漏水，管道堵塞等现象。

绿化施工场地整理不达标，地形、地坪的平整度没有达到设计要求，施工与设计不相符，如地形处理不到位，种植穴不够大，种植深度随意性强，苗木规格及苗木质量不达标、种植密度不符要求等等。

（三）施工放线水平不高

现在有许多园林工程项目完工后无法达到设计要求或接近设计效果，原因有多方面的，其中一个主要原因是施工过程不合理放线。施工现场人员对园林造景手法不了解，没有深刻理解设计意图，并根据现场地形和周边环境灵活变通施工放线的方式和方法。如有些施工人员放线时随意定位，施工只是为了完成了施工设计图纸设定的工程量，没有考虑设计效果，常常造成平面线条僵硬，弯弧度不流畅，竖面地形堆置不自然等。有些则机械放线，没有灵活变通，种植每棵乔灌木都采用仪器定点；有时种植的苗木组团过于分散或拥挤，没有充分考虑周边环境，不会运用借景或遮蔽的造景手法去施工放线。

（四）施工企业管理落后，影响项目施工质量

园林施工企业管理能力有待提高，制度创新、人员管理、设备投入、项目运作等都应不断地大力提升。有些施工企业，施工原材料没有相对固定的供应商，材料供应质量不稳定；有些企业为了节约日常的运营成本，没有自己的专业施工队伍，有项目时临时聘请施工队。由于施工人员素质参差不齐，且没经过专业技能培训，导致施工工序和管理的混乱，进而无法保障园林工程施工质量。同时，企业对施工工艺创新改革认识不够，墨守成规，不愿尝试新工艺，从而制约企业的施工技术水平的提升。

二、改进园林工程施工管理的措施

（一）因地制宜，优化土壤环境

为解决绿化的立地条件，降低建设成本，减少对周边环境的影响，提高绿地养护效果，应根据不同的地理环境采取不同的绿化立地条件建设措施。对于挖土方较多的项目，尽量做到挖方利用，必要时应与设计和业主沟通，建议合理调整地形标高，尽力做到挖填方平衡，减少排放；对不置换土壤但原有土壤质量有所欠缺且对绿化苗木生长或许有影响的项目，可进行土壤改良，如掺拌熟耕地土壤或泥炭土，加施腐熟农家基肥等；对土壤质量太差且不利于绿化苗木生长的项目，一定要铺上种植土层和进行部分换土，如草坪及地被种植地面应加盖种植土层，厚度不应小于 20 cm，乔灌木种植点应取用扩大种植穴并换土种植；对建筑垃圾较多的项目，可用深埋法处理部分建筑垃圾，并用置换的种植土回填至足够厚度的种植土层。

（二）严格按照施工顺序和工艺技术要求进行施工

进行项目施工时，应先做好施工组织设计和施工物料运输计划。园林工程一般由园建和绿化两个部分组成。施工时应先开展园建施工，最后才进行绿化种植。尽量减少园建施工和绿化种植交叉作业对园林工程成品保护的影响。在施工过程中，要严格遵守施工规范，落实好每道工序、每个环节的施工工艺标准，对每个步骤必须严格按施工规范及设计图纸进行施工。为保证园路、广场地面铺装面层施工的效果，饰面材料必须提供样板，由设计单位及建设单位认可才可使，铺装工艺质量由监理单位严格把关，平整度和排水坡度应达到设计要求。

基础施工、隐蔽工程必须认真对待，严格监督，不要认为不影响外观就马虎施工，这样会直接影响到日后的使用和养护。为避免这种现象的发生，必须严格按照施工工艺进行施工，如在基础施工时，地基承重必须达到规范要求，垫层的搅拌和摊铺要均匀，不偷工不减料，确保基础牢固，减少日后出现下陷、拉裂、渗水等现象。

管线施工的埋深、垫层、回填要到位，避免以后管线下沉、拉断、漏水等，必要的深埋能预防其他施工开挖时对管线的破坏。

绿化种植从装苗、卸苗、分苗、种植时均要小心，确保苗木土球完好，枝叶修剪合理，以提高苗木的成活率和观赏性。种植时应对苗木的苗高、胸径、观赏面等进行科学挑选，使得苗木种植后的绿化景观达到最佳效果。

（三）合理进行施工放线，力求呈现项目特点

园林是一项艺术性较强的工程，在施工过程中，应遵循设计意图，要以现代测量放线技术为支撑，充分理解设计理念，并结合施工现场情况，合理放线。

在园林工程建设施工放线中，一般规则式园林要求严格按图纸坐标放线，才能做得规整有序，体现规则式园林的严紧构图。自然式园林中，建筑物、雕塑、图案铺装、主景树等的施工放线要做到准确，误差小于设计要求。其他的绿化种植则重点是根据苗木个体进行放线，做到疏密有致，高低有层次。园路的放线应做到线条流畅、自然。地形处理应相互呼应，平缓相连。

（四）创新施工管理模式，提高施工质量

完善施工企业内部管理，直接影响到园林工程项目施工质量的保证。施工企业一定要通过完善和创新施工管理模式、努力提高施工技术水平，进一步解决在施工过程中存在的问题，从而提高施工质量。提高施工管理水平及施工质量的主要途径如下。

（1）重视人才资源建设，打造一支高素质的专业技术骨干队伍。实现完善的人力资源管理模式并为专业技术人才提供良好的发展平台，进而优化施工企业的人才结构，不断扩充和壮大专业技术力量。加大对施工人员技能培养的资本投入，提高其对技术含量高的园林施工的认识。多组织技术骨干人员考察各种风格的园林工程实地，吸取各家的

经验,开阔眼界,增强创新能力,保证建造出独特的园林景观。

(2)建立完善的项目管理架构。每个项目要设立项目部,配备专业的项目经理,负责项目全面工作。然后按施工内容和规模下设立园建、绿化、水电、采购、资料等专业班组,各班组应职责明确,协调统筹。

(3)建立合作档案。建造高水平的园林项目,必须要求施工企业充分利用各方面资源的合理配置。因此施工企业应在各项目的实施过程中,不断积累材料供应商、各专业施工队等合作单位的资料,从中选取优质的单位作长期合作伙伴,以确保日后施工项目高质、快速的实施。

(4)加大先进设备的投入。现在先进的施工设备、园林机械很多,对提高施工效率和保障施工质量起到非常大的作用。施工企业应与时俱进,加大这方面的投入。

(5)加强成品保护意识。园林工程是成品,更是艺术品,施工时要求精细,完工后应做好保护措施,便于竣工验收,交付使用后要以最佳状态呈现在人们的前面。在绿化方面,更是“三分栽植,七分管理”。科学的养护是巩固和提高园林绿化建设成果的关键环节,加强后期的养护管理工作,务必使其生长茂盛、景观效果良好。

园林工程对城市建设意义重大,针对园林工程施工中存在的问题,以及环境因素和人为因素造成的技术难点,应结合新技术、新设备、新工艺、新材料的应用,在实践摸索中予以解决,并提出了具体、行之有效的施工管理措施,以便使园林工程施工在美化城市环境、提高园林工程质量方面中发挥积极的作用。

第二节　园林工程施工管理核心要素

在城市的建设和发展过程中,园林工程是城市建设的重要组成部分,对于城市环境的优化具有重要的作用。当前园林工程在施工管理过程中,由于不能和工程的实际相结合,在施工管理的很多核心要素方面不能够有效的控制和管理,进而影响了整个工程的质量和园林工程的效果。为此必须对园林工程施工管理中存在的问题进行分析和研究,进而针对问题提出相应的加强施工管理的措施和建议,只有这样才可以更好地促进园林工程的发展。

一、园林工程施工管理中的问题分析

(一)园林工程的施工管理成本不足

当前很多园林工程中,施工管理方面的经费是相对有限的,因此会造成施工管理成本的不足,这使得施工管理的各方面都会受到限制,施工设备以及施工材料、施工人员等方面都会受到影响。特别是在施工的中后期由于管理成本的缺失,很容易造成维护不到位或者问题不能及时处理,从而影响到整个园林工程的施工质量。

（二）园林工程的施工管理水平低

园林工程施工的管理水平低，造成了施工进度缓慢，是返工、重修等问题出现的基本原因。同时，园林施工管理工作不健全，增加园林工程项目的成本，造成景观植被的成活率低，导致严重的环境污染等生态问题。在园林工程项目的施工中，管理工作不到位，工程设计理念不合理，很难使园林工程项目达到预期的标准，从而给整个城市的建设发展带来不良的预期。

（三）园林工程的绿化建设水平不达标

园林工程中的绿化建设，一直都是园林工程的重点。园林工程施工是否达标的一个很重要的指标就是绿化建设的完成进度以及完成的情况。如果在施工管理过程中绿化建设不达标，那么整体的植被覆盖率以及成活率等都不会达到预期效果，进而影响到整个工程的效果和质量。在实际的园林工程作业中，需要施工人员及时到施工的现场，选择最适合的栽植时间进行植物的栽植。一旦疏忽栽植时间的管理，很可能使植物直接暴露在阳光下，大大降低其成活率。

二、园林工程施工核心要素管理的基本策略

（一）进一步完善施工管理的各项制度

施工管理制度是完善施工管理和促进施工管理工作开展的重要保障。对于施工单位来说，很多时候不是没有发现问题，而是发现了问题没有去解决，也没有相应的管理制度去完善和落实，也就造成了管理上的缺失。施工单位首先要根据市场上关于园林工程的施工要求和施工规范制定自己的施工管理体系。要将施工管理的体系和制度变得更细，更加的实际，更好推广和应用。其次，要建立健全组织管理制度，确定基本组织机构框架，实现分部门管理，这样在施工管理的过程中，可以将各个部门的职责分开，提高管理效率。再其次，要建立健全人事管理制度和绩效考核制度，加强施工人员的管理。建立基本的培训制度，不断地提高施工人员的综合素养。对于施工管理过程中不符合施工要求的施工人员，要坚决辞退或加强教育。只有施工人员的综合素质得到提升，才能更好地保证施工管理的质量。

（二）加强园林工程的规范化建设

园林工程施工，它有自身的特点和特性，因此要对园林工程的建设管理实行动态化和精细化的管理，对于施工的全过程都要进行很好的控制。在施工管理的过程中要严格按照施工的规范来进行。所有的施工工序和施工工艺都要按照施工设计图纸和施工设计方案来制定和执行。对于施工管理过程中需要变更的部分要及时参照相关的程序上报处理，严禁私自变更施工设计方案。对于不按照相关规范进行施工的管理人员。对其产生的行为要追加责任，并严肃处理。另外，园林工程本身就是比较琐碎的项目，虽然技

术含量不高，但是如果不按照相关的操作进行施工，必然也会造成一定的经济损失，影响施工单位的效益。因此规范化建设和施工是园林工程必须要重视的问题。

（三）加强监督管理和绿化工程建设管理

在城市园林工程建设过程中，除了要完善施工管理的各项制度以外，还要加强监督管理。对于施工的全过程进行一个全面的巡视和分阶段的监督，对于施工的重点和难点部分要重点关注，对于管理过程中发现的问题与不足，要及时地进行分析和纠正，防止质量或者安全隐患不被发现而产生更大的经济利益损害。另外，施工过程中的细节问题非常多，应该安排更加专业的施工人员亲自组织并进行指导，对于一些水体或者园林的装饰类施工要注重细节管理和精细化管理。绿化工程是园林工程的重要组成部分，绿化工程的比重也非常的大，只有绿化工程的质量得到有效的保证，才能够更好地保证园林工程的整体效果和质量。

园林工程是城市建设过程中的重要组成部分，随着城市建设规模的不断扩大，园林工程必将在城市建设中发挥着越来越重要的价值。要想更好地保证园林工程的施工效果和质量，使其充分发挥作用，还应该加强园林工程的全化管理和精细化管理，进一步保证施工管理顺利进行和安全进行。在此情况下要重视施工管理过程中管理核心要素，积极解决施工管理过程中存在的问题，并从制度、人员和组织管理等方面进行加强管理，确保整个施工质量达到预期目标并对城市的绿化建设做贡献。

第三节　风景园林工程的施工管理及成本控制

城市建设中，风景园林工程是必不可少的重要组成部分，也是改善城市居住环境的重要场所和途径。风景园林工程不仅使城市的环境更优雅，而且给人们的生活带来了美的享受。但是风景园林工程的建设与发展离不开施工管理与资金支持，如何采取有效的措施来进行施工管理及成本控制，既保证工程的施工质量，又能降低成本，获取更大的利润空间，本节针对这一问题进行了简要的分析，以供参考。

风景园林工程是城市建设和规划中的核心内容和重要任务。由于城市的快速发展和人们生活水平的质量不断提高，人们对于生活环境的要求越来越高，因此，城市绿化一直备受瞩目。风景园林工程的施工管理涉及多方面，项目施工单位不仅要保证工程进度、安全及质量，而且要控制好成本，对所有的人力、物力及费用开支进行有效的指导、监督、调整和控制，争取将成本最小化，利益及质量最大化。

一、风景园林工程施工管理及成本控制现状

我国经济的快速提升也带动了风景园林工程的发展，但是在目前我国风景园林工程的建设与施工中还存在着很多问题，影响风景园林企业的长远发展。再加上风景园林市

场的竞争日益激烈，人们对环境的审美要求也越来越高，这无疑对风景园林工程施工单位提出了严峻的挑战。目前我国风景园林工程建设与施工中主要存在以下几方面的问题：①政府及相关单位对风景园林工程施工管理及成本控制的重要性认识不足，施工监督及管理力度不够，管理理念发展较为落后；②管理制度不健全。施工单位在园林设计、施工、验收及人员管理等方面的管理制度还不完善，施工人员没有进行合理的分工，各环节的质量管理及成本管理也不严格，设计单位与施工单位之间没有进行有效的沟通，导致施工质量不高；③管理人员及施工人员的综合素质不高。施工单位没有对工程管理人员及施工人员进行综合性的培养，导致其在建设中缺乏专业的知识和经验，而且有的施工单位为了追求更大的利润，在材料选购时挑选一些便宜的、不符合质量要求的材料，看似控制了成本，实则加大了后期的维护费用，弄巧成拙。

二、风景园林工程施工管理及成本控制措施

（一）提高风景园林工程施工管理及成本控制意识

要想提高施工质量，降低成本，首先要认识到施工管理及成本控制的重要性，并树立起意识，将施工管理及成本控制意识贯穿于整个施工中，从而将成本最小化，质量最大化。在风景园林施工中，政府要充分了解、掌握施工单位的实际情况，仔细过目施工方案，核算工程预算，做好有效的监督。施工单位要及时地转变施工管理理念，根据工程的实际特点和情况采取合理、科学的管理措施，制定出合理的施工工序，完善工程管理体系和成本控制体系，将施工管理和成本控制责任落实到各个部门和个人，明确施工人员的职责。同时，在施工中，施工单位要对各环节进行严格的考核，实行奖优罚劣的制度，以此提高工程管理人员及施工人员的事业心和责任心。

（二）加强培养施工管理人员和施工人员的综合素质

施工管理人员和施工人员素质的高低直接影响着风景园林工程的施工质量，因此，要想切实提高风景园林工程的施工质量，就必须加强培养施工管理人员和施工人员的综合素质。施工单位在工程建设前，要对工程的组建人员进行严格的培训，经考核合格后，才予以认证上岗。项目工程管理人员必须挑选具有专业的风景园林建造知识、丰富的工程管理经验以及灵敏的思维的人才，以防发生差错和失误时能及时有效地应对和处理。另外，施工单位要加强培养施工人员的岗位责任感，加强对施工过程中人力、设备及材料成本费用的预算、分析和对比，严把原材料的质量关，选择成本低、质量好、运输方便的材料供应单位，合理安排施工进度，剔除天气等客观因素的影响，合理有效地堆放、利用材料，避免不必要的损耗，在保证质量的前提下缩短项目工期，从而有效地控制成本。

（三）加强风景园林工程验收过程中的管理和成本控制

在风景园林工程施工竣工后，要做好竣工验收的整理及完善工作，仔细地对费用支

出进行核算，并上交给单位进行审核，对整个施工中的操作及技术标准进行全面的考察，注意施工质量的验收，根据项目支出数额及施工质量验收的具体情况实行奖优罚劣。同时，对后期的维护管理工作进行交付，并对相关的责任人进行管理和监督，保证施工质量的同时，有效降低施工成本，使风景园林工程顺利验收。

风景园林是一项庞大、复杂的工程，城市的快速发展和人们生活水平质量的不断提高促使着人们对于生活环境的要求越来越高，审美的标准也发生着巨大的变化。但风景园林工程的建设与发展离不开施工管理与大量的资金支持，施工单位要想保证施工质量，获取更大的利益，就必须采取提高风景园林工程施工管理及成本控制意识、加强培养施工管理人员和施工人员的综合素质、加强风景园林工程验收过程中的管理和成本控制等措施，从而创建美好的生活环境。

第四节　加强园林工程施工管理及控制

园林工程建设主要目的是为了给国民提供一个相对健康，相对环保并且贴近大自然的生活环境，园林工程的建设大大提高城市生态质量，使环保与社会效益极力增强，也非常符合当今阶段可持续发展的科学理念，意义深远并且有深层含义。正因为此，笔者根据如何加强园林工程施工管理与控制这个问题进行或深或浅的探讨，并提出自己的一些想法和建议。

一、我国园林绿化过程施工中的常见问题

（一）园林绿化工程质量管理制度不够完善

我国现阶段园林绿化施工建设工程当中，时而出现施工单位只重视建设而忽略园林绿化工程建设管理的状况发生。在施工建设工作中，部分施工单位只是单纯的想要缩短工期，而这时工程中出现的故障与隐患也是置之不理。同时，许多施工单位在建设工程竣工以后，施工相关部门也是一直忽略林绿化工程的后期管理工作，严重缺乏专业的养护技工。这些由于管理上的缺漏致使了我国很多的园林绿化工程以失败而告终。在实际的施工工程工作中，园林绿化工程中的管理工作不够建立健全，很难使施工的进度与质量安全有一个重要保障，特别是对于质量监督管理单位来说，极容易导致工程中各个相关部门的职能的行使工作缺乏合理性、科学性，从而严重地制约了施工单位中监督职能的使用以及监管部门的管理工作。

（二）施工人员缺乏专业的技术水平

现阶段，在我国的园林绿化工程施工工程中，虽然是专业的园林绿化公司进行承包与运营，但是，是由没有专业技能知识的副业人员进行实际的施工。这些副业人士没有经过专业的培养与训练，缺乏专业的知识与职业素养，单单凭借以往的施工经验实施施

工,缺乏一定的全面性与科学性,比较片面地开展施工工作,所以难以保证施工的质量过关。园林绿化工程工作要求施工技术人员主观能动性更好一点,因为需要施工人员根据施工当时具体的天气、环境以及地理位置等随时准备好变更与完善相应的设计方式。在园林绿化工程施工阶段,对于缜密性没有太高要求的同时,施工的工作人员可以对园林艺术发挥自身的才能机智。一旦把一些素质不高的人员招聘到行业的施工团队里,施工技术水平的高低不平以及严重缺乏对于园林施工的经验与职业素养等问题的存在,将很难全面、有效并且多方位的把园林绿化工程的设计理念淋漓尽致地诠释出来。

(三)部分园林绿化工程设计不合理

在现阶段,我国园林绿化的施工建设过程中,部分施工部门往往不足以了解施工设计工作的重要性,施工前缺乏规划与预防阶段,同时对设计图纸的评审工作不够重视。所以就致使在园林施工建设工程中,施工建设项目与市政道路建设工作相互干扰、相互冲突。也在无形中导致了正常季节里的园林绿化施工工作很难一帆风顺地进行,从而出现延误工期的现象发生。在不恰当的季节里实施植物的栽植工作,效果不用想也可以知晓。就算是在正常季节实施园林绿化施工工作,但由于市政建设管线处理不科学、不合理,也就造成了园林植物没有向下深埋的生长空间,也在无形中严重影响园林中植物的正常生长速度。

二、影响园林施工管理的因素

(一)施工的主体

施工的主体也就是相关工作人员,工作人员不但可以优化施工质量,还可以预防施工工程中出现的失误与故障,其对施工效果的也是显而易见的;

(二)工程使用的材料

工程所使用的材料主要指的就是半成品、原材料以及成品等,这在一定程度上可以直接影响着工程的质量,因此,这时就需要优质的工程原材料才可以使园林工程的施工质量有一个重要保证;

(三)施工工艺

施工工艺指的是在园林工程施工管理工作当中,采取各种不同类型的施工技术进行设计,所得到的施工效果也是不尽相同的;

(四)施工器械

根据不同类型的工程技术标准,要采取对应的施工器械设备以及相关的施工人员,才会使施工管理的质量有效提高;

（五）环境的因素

环境的因素包括了工程管理工作的环境以及工程技术的环境等，只有环境有了一定的保证，才可以保证工程工作的顺利实施。

三、加强园林施工管理的具体对策

（一）加强园林工程施工准备阶段的管理工作

在园林工程施工前期阶段，应当有效做好施工准备预防工作。第一，应当对园林绿化工程项目的相关数据进行比对和检验管理。比如，首先应当确定施工具体方案，再进行施工图纸的审计工作，从而确定施工当中各个方面关系的协调；再比如，实施园林绿化种植工程工作过程中，应按照当地的气候变化和地质环境具体情况，确定苗木花卉的数量品种以及格局等；第二，应建立健全工程项目责任制，明确落实各岗位职责，分工具体到个人，进而为整个工程的顺利进行奠定坚实的基础。

（二）对施工人员进行专业技能方面的培养与管理

优质的施工队伍不仅可以打造出高质量高水平的园林工程项目，还可以有效地提高施工企业的信水平以及竞争力。所以施工企业应当要注重培养相关技术人员的总体水平和效益，培养出具有真正技术水平和实力的施工团队。对于施工团队中的任何一位施工人员都要进行专业化的培养与管理，施工人员要建立健全完善的施工体制，把质量作为施工的关键。还有就是施工人员的专业技能水平，施工企业在启用施工人员时要对施工人员的专业技能进行严格的考核，杜绝考核不合格进入企业，企业内部的施工人员也要按期进行专业技能的培养与管理，进而提高施工人员专业技能的质量与水平。施工团队内部的管理组长应当具有较强的质量追求，在园林施工过程中要做好对施工团队发展的措施与准备，使施工工作的关键目标更加明确，使施工团队与方面的工作更加协调。施工团队中的施工技术人员，在工作中应认真缜密，职业素养严谨有责，严格按照园林设计规范的质量标准。施工团队中的管理与服务人员应当保证整个施工队伍的生活质量，从而间接保证施工团队的服务效率与水平，进而提升施工工程工作的质量与效益。

（三）加强对施工工序的管理

在现阶段园林工程施工现场工作过程中，施工工序显得尤为重要。如果施工工程不按照施工工序严格地开展，务必会增加园林工程的管理难度，也会发生一些浪费材料与人力物力财力等现象。所以园林施工工程要严格按照施工工序进行开展，使各个工序的关系更加协调，最大程度上减少施工过程中的故障和问题。只有协调好各个工序之间的联系，才会提高园林的美观度。

四、园林绿化施工技术建议

要日益完善更新施工装置，逐步加强对新设备的采用和更新，与此同时，严格进行施工设计使各个工序都可以按照严格的规范执实施，从细节上有效地增加对植被的保护。最大程度上减少植被的损害，将新技术新设备引进到施工过程中去，从而保证施工的技术水平与质量，进而提高整个施工团队的总体素质与水平。第一，要加强对施工团队的专业技术检验与训练，按期对施工人员进行技术与专业知识培训，使施工团队对各种机械设备的操作更加娴熟与专业，尽最大努力有效减少整个施工中的误差与故障，使植被的伤害大大减小。同时，余下时间应该加强对园林艺术的专业学习，各种植被的生长规律与生长环境要熟知与了解，做到施工工程过程中符合自然定律，最终使整个园林工程的绿化效果大大提高。

我国目前阶段，许多企业一般的做法是把园林工程质量的控制放在工程建设的具体实施阶段，而容易忽略其他几个阶段的控制管理工作，施工项目建设工作是一个宏观系统工程，若是想有效地控制工程质量与效率，就应当从工程质量的全过程进行工程控制的具体工作。

第五节　园林工程施工管理与后期养护

近年来，随着可持续发展理念日益深入人心，人们对环境问题越来越重视。园林工程就是结合当地特色和地势对环境进行美化，使其成为具有标志性和观赏性的风景园林景观，带来一定的经济和社会效益。结合园林工程施工管理的重要性，本节分析了工程管理中存在对后期养护影响的一些问题，并提出了相应的解决措施。

园林绿化可以美化和改善城市环境，实现人与自然的和谐相处，维持生态平衡、健康发展。同时园林建设也为人们提供了亲近自然、回归自然的休息和娱乐场所。但在现阶段，国内在园林工程管理中还存在一些问题，对后期的养护产生了不好的影响，进而影响园林工程质量。因此，加强园林施工管理和后期的科学养护显得尤为重要。

一、园林工程施工中存在的问题

主要有：园林工程施工团队专业素养低，部分施工团队的专业素养有待提高，园林的施工效率受施工人员的业务能力和素质影响。如果施工人员的专业素养达不到要求，很难使园林工程管理达到预期的效果。员工的专业素养表现在业务能力和对待工作的态度上，部分施工团队缺少技术人员，看不懂设计图纸，在施工时缺乏严谨性和专业性，不但影响施工的效率，还降低了施工质量。另外有一部分施工人员的责任感有待提高。植物是园林景观的重要组成部分，如果在施工过程中一味追求种植速度，则会出现树穴与植物根部土球不匹配的情况。此外，还存在园林中的植物没有专业人员进行看护和管理的情况，或是管理人员不懂如何嫁接和修剪。植物有病虫害时也无法进行积极有效的治疗，这些情况都不利于植物的培育和后期的成长。

管理不到位，没有长远的规划。随着社会经济的快速发展，园林建设在我国取得了一定的成果，但在管理和长远规划方面仍存在不足。在部分园林工程中，没有健全的管理和监督体制，致使各层施工管理人员都想从中“捞取油水”，使得园林建设中一些必不可少的开支就进入个人腰包，造成园林工程质量较差，出现返工的情况。另外，园林设计师在进行园林设计时并没有实地考察，没有因地制宜突出当地的特色，只是照搬园林设计模式，导致园林景观千篇一律，降低了园林的观赏价值。还有园林施工管理者并没有对园林的景观进行长远的规划，只想着尽快完成当前工作，在建设中获取最大的利益，这些都为后期出现的问题埋下了隐患，增加后期园林的养护成本。

二、相应的措施

提高施工人员的专业素养、专业水平和责任心是确保园林工程保质保量完成的基础。在我国现阶段，园林建设起步晚，专业性人才比较稀缺。而高素质的施工人员在工作中会相互帮助，积极配合，能够应对不同的施工环境，让园林建设更加高效和顺利。所以园林工程施工企业可以用丰厚的待遇和良好的工作、生活环境吸引专业水平高的技术性人才，这样能尽量确保施工质量。另外，对园林施工人员要定期组织培训，提高他们的工作责任心，确保他们掌握先进的施工方法和植物培育管理方法。

建立完善的管理体系。设计师在设计图纸之前要进行实地考察，并将园林建好后的植物养护管理考虑进去，结合以往的设计经验，因地制宜，让园林景观更具经济效益和社会效益。为了避免出现施工人员随意施工、懈怠工作的情况，在施工前要认真审查图纸，将图纸上的要求具体化，制定合理的施工方案。为了避免追求施工进度，忽视工程质量问题的发生，项目公司可以结合园林工程的具体情况，给出合理的施工期限，这也为日后园林工程的验收提供了参考。在施工过程中，要保证及时发现问题并解决问题。组织工程师对园林建设的材料进行检验，保证园林建设中的材料都是合格品，特别是稀有植物，在条件允许的情况下，可以组织人员到苗圃现场选苗。在工程完工时，要组织相关人员进行严格检查、验收，不合格的地方，要求重新返工、整改。合格后也可以结合园林实际情况和工程完成状况进行完善。验收后，为确保园林景观，要组织专业人员对植物进行养护和管理。在整个过程中，要有完善的监督机制，同时监督部门要充分发挥监督的作用，促进工程实施的标准化和规范化，确保园林建设的进度和质量。

三、园林工程后期的养护

引进先进的浇灌系统。园林浇灌分为人工浇灌和机械浇灌 2 种形式，用于补充植物生长过程中所需要的水分，并改善植物的生长环境。除此之外，园林浇灌还有洗去植物上残留的灰尘、帮助调节空气温度和湿度的作用。园林中植物品种繁多，大致可分为草坪、树木和花灌木，在进行浇灌时，要考虑植物的品种、习性、大小等情况。如果是刚铺好的草坪，则应该及时给草坪浇灌足量的水。在草坪平整之前，每隔1周灌1次水，每隔1天就要对草坪进行滚压。园林浇灌对植物的生长有着很重要的作用，先进的浇灌技术在满足植物对水需求的同时，更加节能和高效。

保证植物养分充足。植物的健康成长与养分的供给有着必不可少的联系，不同的植物，或是同样的植物不同的生长状况，对养分的需求都是不同的。如果施肥不当，非但达不到预期的效果，还会对植物造成新的伤害，所以在施肥时要把握好施肥数量。如果在满足植物对养分需求的同时，还想改善或是调节土壤结构，可以增施有机肥。另外，施肥时要考虑天气因素，温度过高或过低都会影响化肥的转化，进而影响植物的吸收。

对植物病虫害进行有效防治是为了确保园林景观持续的观赏性价值，要及时对植物的病虫害进行预防和治疗。园林植物物种繁多且不乏一些稀有物种，一旦发生病虫害，还会产生感染，不但治理麻烦，还会造成不小的经济损失。所以在引进植物之前，相关人员应到农、林业部门去详细咨询，了解病害的发生过程，及时对植物进行预防和消毒，防止病虫害的发生。在植物的生长过程中，及时浇水，合理施肥，适当疏松土壤，为植物的生长提供一个良好的环境，将有助于提高植物的抗病虫害能力。在病虫害发生后，要及时进行治疗，并隔离病菌，防止感染其他植株。在进行治疗时，要分析病菌发生的原因，分析病虫害的类型，选择性使用农药，同时进行记录，以供日后参考。

总之，园林工程在我国城市生态化建设中扮演着重要的角色。但现阶段在园林设计和施工中还存在着一些问题，如没有做到因地制宜，对园林后期的规划不足，施工过程不严谨等，这些都无法将园林的作用真正地发挥，无法体现园林与自然的融合。所以，设计者在对园林进行规划时，要结合当地的经济特色和文化传统，体现和谐之美。另外，在施工过程中，要有严谨的监管体制，提高施工者的专业素养。在后期园林养护中，要及时发现并解决问题，使园林资源更持久的发展，让园林景观更好地为人类服务。

第六节　城市建设中园林工程施工管理

随着国家物质经济实力的增强，人民对于生活质量以及精神文明的需求越来越高。城市化建设逐步迈入了创新、协调、绿色、共享、开放的阶段，而园林工程是新时期城市化建设的核心组成部分，既要满足居民生活娱乐以及工作的需求，又是衡量城市发展水平和发展质量的重要标准。在园林工程的建设过程中，要注重从源头上把握施工管理，加强全过程的监督监管，落实国家有关新时期城市建设的具体要求，推动城市园林施工管理，实现经济效益、社会效益双赢。

物质水平的提高推动精神文化需求的增长，精神文化水平的提高又反向刺激经济发展。当前国家经济实力日益强大，居民对于物质生活的需求不仅仅停留在吃饱穿暖的阶段了，而是过渡到“吃好穿好”“美好生活需要日益增长”的阶段，这对城市基础设施、环卫建设提出了更高的要求。园林工程作为城市化进程的重要组成部分，要在施工过程中贯彻落实“绿色环保、从最广大人民利益出发”的理念，推动园林建设更加符合国家、人民的需求。

一、加强园林工程施工管理的必要性

在市场经济迅速发展的新时期，更多人追求的是更好的生活环境、更佳的美学享受，人们有了更多精神层面的向往和追求，也为城市化的科学化、合理化推进提出了更高的要求。在城市化建设过程中要做到既要金山银山，又要青山绿水，贯彻落实可持续发展观念，因此我们必须重视园林工程建设。

园林工程施工必须注重两个方面：①生态方面。从生态学角度出发，必须符合当地的气候、生物资源、物种适应等多方面自然条件，基于保护动植物多样性、减少碳和有毒气体排放、清新空气等角度出发，为城市居民、生物创造良好的生存环境；②美学方面。园林工程建设无论是从设计规划，还是从具体的施工管理考量，必须在全过程中都体现出自然美、和谐美、层次美、多样美的特点，要与城市整体规划相匹配，还要致力于在日常生活中发挥提高居民欣赏美、创造美的能力，推动建设社会主义和谐社会。

二、具体要求

（一）完善施工管理体系

园林工程是一种综合性艺术景观绿化工程，是生态园林体系的重要组成部分。园林工程的管理体系是园林工程质量和效益的保障，能否被正确坚持落实直接关系到一个城市的形象树立和展示，所以从设计到施工的全过程都应提高对施工管理体系的认识。首先要从国家对城市园林景观、绿化设计的具体要求出发，秉持科学可持续、安全无危害的理念进行园林的选址、规划设计，确保在源头上符合城市发展规律和国家规范标准；其次要完善施工管理制度，无论是绿化植被的种植还是施工队伍的选择上，都应当用规范的管理制度来约束园林施工过程中的每一环节，让每一施工环节都能够体现科学严谨、环保节能的原则。

（二）改变落后的施工管理观念

尽管园林工程在我国的现代化城市发展进程中早已经很普遍，但主要大多还是停留在见缝插针式盲目栽植树木的阶段，不符合新时期城市化以及现代美学层次分明、错落有序的要求，阻碍了我国园林行业的进步发展，所以必须要创新施工管理观念。施工单位应当改变传统思想中盲目改造自然的理念，塑造新视线，树立以社会效益为主、经济效益为辅的双赢设计施工理念，依据具体的环境、气候、城市工作区布局的具体情况，进行合理规划和施工建设，对施工整体过程进行动态监管，确保责任落实到每一过程、每一个人，保证园林施工的顺利进行。另外，施工单位还应当注重项目结束后的园林养护任务，不能只是注重前期的种植，而忽略了后期养护管理，要派专门人员进行浇水、施肥、修剪、病虫害防治等，以及进行冬季防护，确保苗木主材的成活率和景观效果，同时兼顾硬质景观的完好性，破损的及时修补或更换，延长园林工程项目发挥效益的寿命。

（三）提高施工人员的素质

施工人员是园林施工中最具能动性的有机组成部分，其工作效率、工作方法直接关系到整个工程的完成效果。然而，由于园林施工普遍工作条件差，风吹日晒、脏、累等不良因素导致施工人员大多是文化水平较低的外来务工人员或者是农民工，他们大多没有接受过专业的系统的培训，不会使用先进的施工设备和工具，工作也主要是凭借体力和多年积累的经验。所以，在园林工程施工管理中，要注重提高安全施工管理的力度，提高园林工程施工项目全体工作人员的环保意识和责任意识；施工单位作为项目的具体实施者，应当致力于选择工作能力较强的施工队伍，或者是对工作人员定期进行培训和指导，提高园林工作人员安全施工、绿色施工的意识，引导他们使用先进工作装备和设施，提高工作效率和工作能力，做到全过程的无污染、无垃圾、低排放的绿色园林施工。

园林工程并不是一蹴而就的，在短时间内也无法达到国家当前对新时期城镇建设的具体要求，需要建设单位、设计单位、监理单位、施工单位的共同努力，以及使用者的维护意识。我们要坚持我国经济发展的行动指南，在施工管理中实现全过程的管理监督，推动我国新时期园林工程施工管理愈发成熟，逐渐成为我国新型城市发展的强大动力，促进新型工业化、信息化、城镇化等同步发展。

参考文献

[1] 萧默 . 建筑意 [M]. 北京：清华大学出版社，2006.

[2] 廖建军 . 园林景观设计基础 [M]. 湖南：湖南大学出版社，2011.

[3] 侯幼彬 . 中国建筑美学 [M]. 北京：中国建筑工业出版社，2009.

[4] 唐学山 . 园林设计 [M]. 北京：中国林业出版社，1996.

[5] 彭一刚 . 中国古典园林分析 [M]. 北京：中国建筑工业出版社，1999.

[6] 余树勋 . 园林美与园林艺术 [M]. 北京：科学出版社，1987.

[7] 高宗英 . 谈绘画构图 [M]. 济南：山东人民出版社，1982.

[8] 计成 . 园冶注释 [M]. 北京：中国建筑工业出版社，1988.

[9] 王其钧 . 中国园林建筑语言 [M]. 北京：机械工业出版社，2007.

[10] 褚泓阳，屈永建 . 园林艺术 [M]. 西安：西北工业大学出版社，2002.

[11] 韩轩 . 园林工程规划与设计便携手册 [M]. 北京：中国电力出版社，2011.

[12] 邹原东 . 园林绿化施工与养护 [M]. 北京：化学工业出版社，2013.

[13][美] 阿纳森 . 西方现代艺术史：绘画·雕塑·建筑 [M]. 天津：天津人民美术出版社，1999.

[14][西] 毕加索 . 现代艺术大师论艺术 [M]. 北京：中国人民大学出版社，2003.

[15][美] 诺曼 · K · 布恩 . 风景园林设计要素 [M]. 北京：中国林业出版社，1989.

[16][德] 汉斯 · 罗易德（Hans Loidl），斯蒂芬 · 伯拉德（Stefan Bernaed），等 . 开放的空间 [M]. 北京：中国电力出版社，2007.

[17] 彭一刚 . 中国古典园林分析 [M]. 北京：中国建筑工业出版社，1986.

[18][美] 格兰特 · W · 里德 . 园林景观设计从概念到设计 [M]. 北京：中国建筑工业出版社，2010.

[19] 郭晋平，周志翔 . 景观生态学 [M]. 北京：中国林业出版社，2006.

[20] 王郁新，李文，贾军 . 园林景观构成设计 [M]. 北京：中国林业出版社，2010.

[21] 王惕 . 中华美术民俗 [M]. 北京：中国人民大学出版社，1996.

[22] 傅道彬 . 晚唐钟声—中国文学的原型批评 [M]. 北京：北京大学出版社，2007：161.

[23] 孟详勇 . 设计—民生之美 [M]. 重庆：重庆大学出版社，2010.